MASTERING CALCULUS

玩转微积分

[加] 郭建中 —— 著

河海大學出版社
HOHAI UNIVERSITY PRESS
·南京·

图书在版编目(CIP)数据

玩转微积分 / (加) 郭建中著. -- 南京 : 河海大学出版社，2025. 7. -- ISBN 978-7-5630-9727-2

Ⅰ. O172

中国国家版本馆 CIP 数据核字第 2025H9Y019 号

书　　名	玩转微积分 WANZHUAN WEIJIFEN
书　　号	ISBN 978-7-5630-9727-2
责任编辑	卢蓓蓓　吴　淼
特约编辑	李　茜
特约校对	李　阳
封面设计	林云松风
出版发行	河海大学出版社
地　　址	南京市西康路 1 号(邮编:210098)
电　　话	(025)83737852(总编室)　(025)83722833(营销部)
经　　销	江苏省新华发行集团有限公司
排　　版	南京布克文化发展有限公司
印　　刷	江苏凤凰数码印务有限公司
开　　本	718 毫米×1000 毫米　1/16
印　　张	14.5
字　　数	268 千字
版　　次	2025 年 7 月第 1 版
印　　次	2025 年 7 月第 1 次印刷
定　　价	48.00 元

卷首语

Foreword

人生最痛彻心扉的遗憾之一是错过。

许多错过是因为误会。

即使貌似是根深蒂固的东西，也有可能是以讹传讹。

例如，多少年来，原本清晰可辨、生动有趣的数学，被人认为枯燥、乏味。

这就导致不可或缺的数学与许多小伙伴失之交臂。

数学被人误会的主要原因，很有可能是最初传播数学的人，自觉地把追求真理过程的艰辛，揉进了传道授业解惑中。而后来者，则顺理成章地沿袭了这种教育方式。

这就有点像，让每一个烧饭的人，都从钻木取火开始。

不难才怪！

几十年前，我曾有幸亲耳聆听数学大师华罗庚授课。当时听了这位中国数学掌门人的讲课，我却有点“失望”。他老人家这哪是讲课啊，分明是在聊天！我既没有学到期待中的绝招也没感觉到数学的高深。

后来，在大学里读艰涩的数学分析、做令人头疼的“吉米多维奇”，我感觉这才是真正的数学——数学就应该把人折磨得死去活来。

然而古往今来，不管是多么睿智的老人的教诲，总有自以为是的少年听不进去，就如同当年的我！

时光荏苒,我越来越深切地领悟到,当年华老谆谆传授的是这样一个真理:大道至简!

吾窃以为,要想学好数学,无非是概念了然于胸、做题有道可循即可。但是这种心法和技法并不是非得通过“苦其心志”才可以获得。

和人生一样,数学课堂上,可以有诙谐和微笑。并且,富有哲理的数学还可以和人生智慧互为印证!

我想给学习微积分的中华学子们打打气:尽管微积分诞生于欧洲,但是要论对数学内涵的本源诠释,“导数”要比“derivative”透彻得多;“积分”要比“integral”精准得多!

因此,中国人学数学,不难!

我坚信:数理达,则制器精;制器精,则船坚炮利可期。如是,则国强矣!

数学很好玩,很有用!

愿更多人喜欢数学,愿数学的领航者中多一些中华儿女!

这就是本书创作的初衷。

本书可以作为非数学专业学生的各类微积分考试的参考书。

学习数学的理想境界是:别人以为你在玩,其实你在学;别人以为你在学,其实你在玩!

让我们一起边玩边学!

目录

CONTENTS

微积分是啥

第零章

CHAPTER 0

学习之前，我们先来认识一下人类史上重要的科学家兼数学家牛顿先生。

科学家牛顿

接着，再聊聊我们要玩转的微积分到底是什么。

简单说，微积分就是一门研究各种函数及曲线的特性与变化的学问。这门学问，从人类诞生以来就一直为人们所需要。只不过，在牛顿(Isaac Newton)和莱布尼茨(Gottfried Wilhelm Leibniz)之前，没有人能够这么精彩地解释清楚其内在的原理。可以说他们两人为全人类打开了一扇全新的认识世界的窗口，或者说为人类提供了一个空前有用的认识世界的工具。

对微积分贡献最大的人之一——莱布尼茨

微积分之于数学科学的革命性，就像智能手机之于有线电话一样。

微积分为现代数学的飞速发展提供了理论和思想的基础，从而也推动了现代科学技术质的飞跃。不论是导弹卫星，还是深海探索，都需要用到微积分的思想。

学习微积分，不需要高深的数学基础，因为我们站在巨人的肩膀上。

如果学完了高中数学，而不学习微积分，宛如去了北京没有看故宫一样可惜！如果只是学习了微积分，而没有学到微积分的思想精髓，那更是一大遗憾！

微积分真的很有用。

微积分真的不难学！

来吧，我们一起玩转微积分！

函数那点事儿

第一章

CHAPTER 1

本章的内容，基本上就是把中学的数学内容再简单梳理一下，我们先从函数概念的起源聊起。

一般认为，函数概念最早是由笛卡尔(Descartes)在 17 世纪提出的，几十年后，数学家莱布尼茨首先用到了“函数”的名称，也就是“Function”。后来，西方的数学家们在黑暗中又摸索了将近 200 年，才在 19 世纪末，由数学家康托尔(Cantor)提出了确切的、沿用至今的函数概念。

关于函数的基础知识，要明白的几个相关概念分别是：定义域(Domain)、值域(Range)、奇偶(Parity)、周期(Period)、复合函数(Compound Function) 和反函数(Reverse Function)等。

1.1 函数是啥

开宗明义，先上定义。

函数定义

如果对两组变量 x 和 y 来说，当 x 取其变化范围中的每一个特定值时，相应地都有唯一的 y 值与它对应，则称 y 是 x 的函数。

函数的英文是 Function，函数 y 的最常见的表达式是：

$$y=f(x) \tag{1-1}$$

从定义可以看出，函数其实就是两组变化的东西之间的一种联系。只不过这两组变化的东西或者叫作变量(Variable)是有不同属性的。

其中，x 是本源的、主动的、可以随意变化的，叫作自变量(Independent Variable)；而 y 是派生的、被动的、伴随着自变量的变化而变化的，叫作因变量(Dependent Variable)。其关系就是：因变量是自变量的函数。

函数的叫法还有很多，譬如联系、关系、过程等，也可以叫映射。

说到这儿，我要郑重提醒各位：我国第一个把“Function”翻译为“函数”的，是清代的数学家李善兰。中国古代“函”和“含”通用，李先生用“函”字，就是用的包含和含蓄的意思。不仅如此，许多我们今天耳熟能详的数学术语，例如系数、指数、级数、切线、法线、渐近线、微分等词语，都源自数学家李善兰。

接下来举个例子，聊聊函数。

上体育课一般要先根据身高排队，那每个人就是一个自变量，而其身高就是函数，也就是说，身高是每个个体“人”的函数。每个人都有一个身高数据，人不同，身高可以相同，也可以不同。

再比如，体育比赛中的投掷标枪，标枪成绩就是标枪运动员的函数。如果这个函数也用 f 表示，而王同学成绩是 50 米，李同学成绩是 30 米，那么用函数式表示就是：

$$f(\text{王})=50$$

$$f(\text{李})=30$$

那么，$f(\text{张})=45$，就表示张同学的成绩是 45 米。

有位调皮的学生可能会问：$f(\text{刘})=-10$ 算什么呢？

这表示，刘同学投掷标枪的时候，手一滑，标枪往后飞出去了 10 米！还好，没伤着人。

那位又说了，你这表述不好看，得用英文。当然，我们完全可以用如下表示方式：

$$f(w)=50$$

$$f(l)=30$$

$$f(z)=45$$

只不过，一定要明白 w、l、z 分别代表王、李、张三位同学。

当然，所有同学的标枪成绩也可以列表一目了然地说明。

<u>也就是说函数的表达方式不止一种。</u>

事实上，函数的表达方式通常可分为四种，即口述法、列表法、图形法和代数法（也就是列代数式）。只要能说明一个变量随另一个变量的变化而变化的这种关系，就是函数的有效表达方式。只不过，我们用的最多的、常被认为最有数学味的方法是代数法结合图形法。

所谓代数法，就是用代数式来表示函数，例如：

$$y=6x^2+7 \tag{1-2}$$

而图形法，就是把 x 和 y 的函数关系，在平面坐标系中直观地表现。

函数既然是一种对应关系，那这种关系可以说无处不在，日常生活中俯拾皆是，数学和社会并不脱节。

明白了函数的概念之后，另外两个概念就可以一带而过了。

定义域：自变量所有可能的变化范围。

例如，前文中所提的投掷标枪成绩函数中，定义域就是参加投掷标枪的人员。

再例如，等式(1-2)中函数的定义域就是所有实数。

关于定义域的题目几乎是所有相关专业测试基本功的一项标配。

国内外关于定义域的考题基本都出在如下几个方面：

1）分式的分母不能为零；

2）开偶数次方的根式内的表达式非负；

3）对数的真数必须大于零；

4）对数的底数大于 0 且不等于 1。

比如，让你求以下函数的定义域：

$$f(x)=\frac{\sqrt{2x^2-8}+\ln(x-3)}{x^2-2x-3}$$

上面所说的定义域考题的几个方面，这样一道题目就体现差不多了！

值域：因变量或者函数的变化范围。

所以，就投掷标枪那个例子来说，值域就是 50、30、45 等。而等式(1-2)中函数的值域，就是 $y\geqslant 7$。

1.2 复合函数(Composite Function)

复合函数是什么呢？

简单说，复合函数就是函数的函数。也就是说，一个函数的自变量本身是另一个自变量的函数。

例如，$y=f(x)$ 中，如果自变量 x 本身又是另一个自变量 t 的函数，即 $x=g(t)$，那么，我们就有：

$$y=f(x)=f[g(t)]$$

这里，y 就成了 t 的函数，这个函数就是复合函数。有的时候，我们把复合函数表达为：

$$y=(f\circ g)(t)$$

看来，<u>复合函数就是有中转的函数</u>，研究起来肯定也比简单的函数复杂得多。

比如，商学院会计专业小张同学申请奖学金，他能拿到的数额是会计专业能够拿到的奖学金总量的 5%，而会计专业能够得到的奖学金总量又是商学院奖学金总量的 20%。这样，小张能够得到的奖学金数额，就是会计专业奖学金总量的函数，而会计专业的奖学金总量又是商学院奖学金总量的函数。因此，小张能拿到的奖学金就是商学院奖学金总量的函数，而且是复合函数！假设，商学院今年的奖学金总量是 200 万元，那么小张的奖学金数额 S 将是：

$$S = 0.05 \times (0.2 \times 200) = 2(\text{万元})$$

现在，你明白什么是复合函数了吗？

1.3 反函数(Inerse Function)

上一节说过对于每一个自变量 x，如果都有一个相应的因变量 y 存在，那么，他们之间的函数关系就算成立了。

爱较真的人会问，反过来呢？是不是对应于每一个因变量 y，都有一个自变量 x 呢？若果真如此，换个角度，根据函数的定义，也可以把原来的自变量 x，看作是函数 y 的函数。

想法正确，加十分！

此处的关键就是唯一性，如果一个函数和自变量之间是一一对应关系，那么反过来的函数关系就同样成立。

这个新函数，就叫函数的反函数，你可以记作 $g(x)$ 或者干脆记作 $f^{-1}(x)$，以显示其作为 $f(x)$ 反函数的特性。

很明显，反函数是相互的。也就是说，如果 $f(x)$是 $g(x)$的反函数；与此同时，$g(x)$也一定是 $f(x)$的反函数。更进一步，$f(x)$的定义域一定是 $g(x)$的值域，$f(x)$的值域也必然是 $g(x)$的定义域。

依照定义，一定有这样的恒等式：

$$f^{-1}(f(x)) = f(f^{-1}(x)) = x \tag{1-3}$$

例 1-1) 把函数 $y = f(x) = 2x + 1$ 改写为：

$$x = g(y) = \frac{1}{2}(y - 1)$$

我们就得到另一个函数 $g(y)$。这个新函数 $g(x)$就是函数 $f(x)$的反函数，即：

$$g(x) = f^{-1}(x)$$

我们现在就用这个例子来验证一下公式(1-3)：

$$\begin{aligned} f^{-1}(f(x)) &= g(f(x)) \\ &= g(2x + 1) \end{aligned}$$

$$
\begin{aligned}
&= \frac{1}{2}[(2x+1)-1] \\
&= x \\
f(f^{-1}(x)) &= f(g(x)) \\
&= f\left(\frac{1}{2}(x-1)\right) \\
&= 2\left(\frac{1}{2}(x-1)\right)+1 \\
&= x
\end{aligned}
$$

对于函数 $y=f(x)$ 来说，即使反函数的本意是把 y 当成 x 的函数，但是在传统上，就函数本身的形式来讲，我们仍然习惯于把函数的自变量写为 x。这样做的好处之一是可把两种函数的图形在同一个坐标系中画出来，进行比较。

例如，由上一个例子中我们已经知道，$y=f(x)=2x+1$ 的反函数为

$$y=g(x)=\frac{1}{2}(x-1)$$

这样，$f(x)$和 $g(x)$的图形画到一张图上就是：

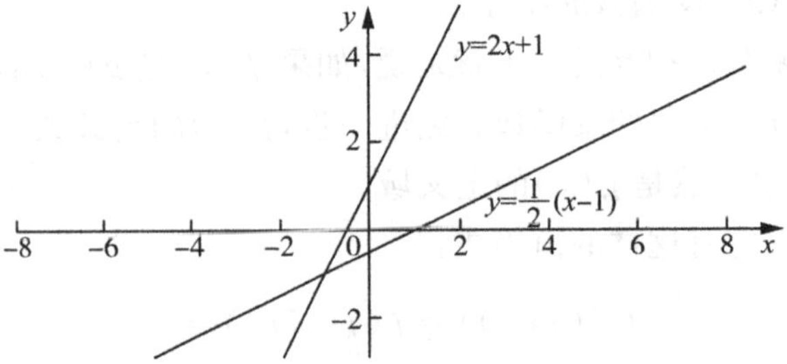

现在，介绍一下求反函数的标准步骤：

a) 在方程 $y=f(x)$ 中分别替换 x 和 y；

b) 在新的方程中，把 y 解出来，写成 $y=g(x)$ 的形式；

c) 这个新求出的 $g(x)$，就是 $f(x)$的反函数。

例 1-2) 已知函数：

$$y=f(x)=\frac{1}{3}x^3+6 \tag{1-4}$$

求该函数的反函数。

解：我们用标准步骤来求 y 的反函数。

a) 在式(1-4)中替换 x 和 y：$x=\frac{1}{3}y^3+6$；

b) 解出 y：$y=\sqrt[3]{3x-18}$；

c) $g(x)=\sqrt[3]{3x-18}$。 (1-5)

$g(x)$就是所求的反函数。

关于反函数，有一个重要原则，那就是唯一性！如果有唯一性，反函数关系就存在。失去了唯一性，反函数关系将无从谈起。

我们看一下下面的两个函数：

$$f(x)=3x$$
$$g(x)=4x^2$$

很明显，这里的 $f(x)$和 $g(x)$都是标准的函数。但是，$f(x)$就存在反函数，而 $g(x)$则不然。问题就出在唯一性上！因为除 0 之外的任意一个 $g(x)$值，对应的 x 值都有两个！例如：

$$g(x)=4\xrightarrow{x^2=1}x=\pm 1$$

尽管刚刚说过 $g(x)$没有反函数，但其实 $g(x)$在一定条件下也可以有反函数。例如，在 $x>0$ 的条件下，$g(x)=4x^2$ 就有反函数。因为，如果设定 $x>0$，那么每一个确定的 $g(x)$的值，都只对应一个 x 值，因而，$g(x)$的反函数也一定存在。

从这层意义上来说，很多函数，即使在其整个定义域内没有一个统一的反函数，但是分段来考察，可能就会有反函数。换句话说，设定好条件，大多数函数在一定条件下是有反函数的。

接下来介绍反函数的图形特征。

原函数和反函数的图形，有一个重要特征就是：它们关于一条直线对称。这条直线就是：

$$y=f(x)=x \tag{1-6}$$

由于函数和反函数是一种所谓的“颠倒”关系，把直线 $y=x$ 作为它们中间的镜子，颇具对称之美！

为了进一步加深对反函数图形对称性的认识，我们再来看一下例(1-2)中的函数 $f(x)$及其反函数 $g(x)$的图形。

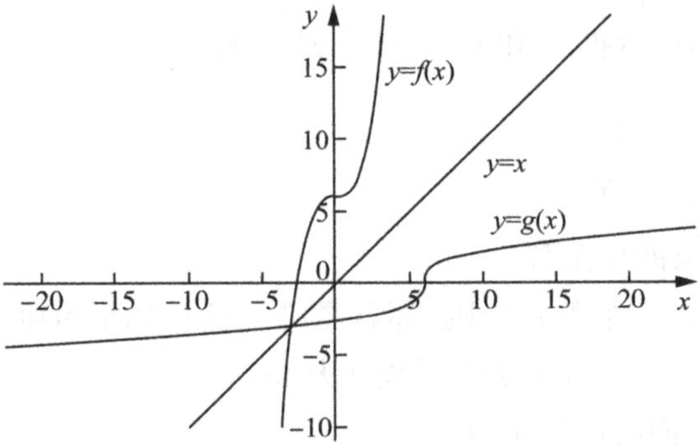

1.4 奇偶性和周期性(Parity and Periodicity)

关于奇偶性,很好解释,如果:

$$y=f(x)=f(-x)$$

那么函数 $f(x)$为偶函数。显然,偶函数的图形是关于 y 轴对称的。

反之,如果:

$$y=f(x)=-f(-x)$$

函数 $f(x)$就是奇函数。奇函数的图形是关于原点对称的。

至于函数的周期性,就更好理解了。如果一个函数的自变量每间隔一个区间长度的整数倍,其函数值都相等,那么这种函数就称为周期函数。相应地,这个区间的长度就是函数的周期。也就是说,如果:

$$f(x)=f(x+ka)\quad (k \text{ 是整数},a \text{ 为常数})$$

则函数为周期函数并且其周期为 a。

看两个我们熟悉的函数的图形:

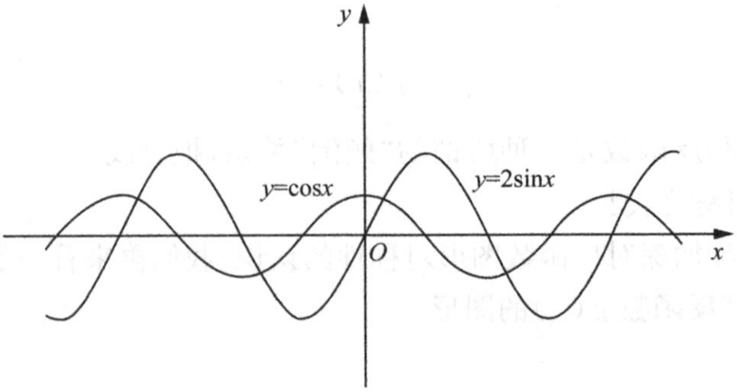

上图中那个偶函数——关于 y 轴对称的、振幅小的周期函数的图形，就是我们熟悉的余弦函数：

$$y=\cos x$$

而那个奇函数——关于原点对称的、振幅大的周期函数图形，则代表正弦函数：

$$y=2\sin x$$

两个函数都是周期为 2π 的周期函数。

1.5 函数群芳谱

铺垫已经不少了，是时候把函数家族的众位成员请出来了！

即使在高等数学中，我们经常打交道的函数也无外乎这么几类：多项式函数、有理函数、指数函数、对数函数、三角函数及其反函数等。

1.5.1 多项式函数(Polynomial Functions)

通常，我们把下列形式的函数称为多项式函数：

$$f(x)=a_nx^n+a_{n-1}x^{n-1}+\cdots+a_2x^2+a_1x+a_0 \tag{1-7}$$

其中，非零系数后 x 的最高次方，就称为该多项式函数的次数。例如：如果 a_n 不等于零，则该多项式就是 n 次多项式。

这个家族中的一次函数和二次函数，我们见得太多了。在懵懂的中学时代，我们就多次和直线的斜率、截距以及二次函数的极值、顶点等等打交道。由于太熟，这里不再赘述，仅强调以下几个要点。

对直线方程 $y=kx+b$ 而言，一定要理解，其斜率 k 本质上就是直线上任意两点(不妨设为 (x_1,y_1)和 (x_2,y_2)) 的纵坐标之差与横坐标之差的比。或者更数学地说，斜率就是 y 的增量除以 x 的增量。由于增量常常用希腊字母 Δ 表示，所以我们这一整段的啰嗦，用公式表达就是：

$$k=\frac{\Delta y}{\Delta x}=\frac{y_2-y_1}{x_2-x_1}$$

千万别小看这个普通的公式，你将会多次用到它！求斜率时，千万注意分子和分母的小角标的顺序一定要保持一致。有的同学，为了使上下都为正数，结果上下角标顺序用反了。结果为负数有什么关系嘛！斜率为负，只不过表示直线是从左上走向右下而已。

下面，我们通过一个例题，来把知识点串一下。

例 1-3） 已知直线 $y=2x+4$ 与抛物线 $y=x^2$ 交于 A、B 两点，M 为 AB 的中点，求过 M 点和直线 $y=2x+4$ 垂直的直线的方程。

解：为求 A 和 B 的 x 坐标，我们有：

$$2x+4=x^2$$

移项后成为

$$x^2-2x-4=0$$

我们知道，此方程的两个根，分别为 A、B 的 x 坐标，由于不好分解因式，自然可以用一元二次方程的标准求根公式，解出这两个根，然后进行下一步。

友情提醒：解数学题目的时候，尽可能“自私”点——只做对解题有帮助的工作！我们求 A、B 坐标的目的是什么？还不是想求 M 点的 x 坐标吗？它和 A、B 点的坐标啥关系？自然是：

$$x_M=\frac{1}{2}(x_A+x_B)$$

由此可见，我们并不关心 A、B 坐标的具体值，我们关心的是它们的和。而求一元二次方程的两根之和，是不用解方程的，根据韦达定理，我们有：

$$x_A+x_B=2$$

所以，$x_M=1$。把它代入直线方程，我们可以得到：$y_M=6$。

因为所求的直线和直线 $y=2x+4$ 垂直，所以其斜率 k 满足：

$$k\times 2=-1$$

即

$$k=-\frac{1}{2}$$

我们自然知道，过点(1,6)斜率为 $-\frac{1}{2}$ 的直线方程为：

$$y-6=-\frac{1}{2}(x-1)$$

即

$$y=-\frac{1}{2}x+\frac{13}{2}$$

本题所涉及曲线的图形如下。

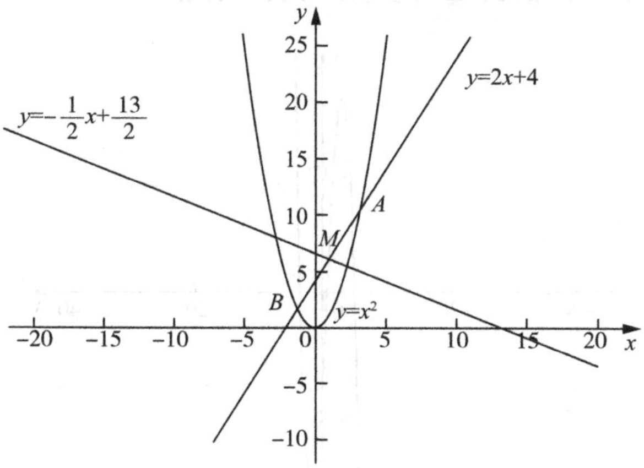

多项式函数，由于定义域是整个实数轴，函数形式比较直观，因而成为千百年来众多数学家们研究数学的起点。近年来，由于它的计算形式更易于被计算机识别，所以随着计算机的速度的大幅提高，多项式的应用就更加顺理成章。

多项式函数是我们学习高等数学的起点，从这里开始，沿着极限、连续、微分、积分的道路就这么一路走过去，最后具备了所有的预备知识后，开始学习比较高级的级数，而后的目的，居然是把所有的函数问题归结为多项式问题！

多项式函数的图形也有着非常鲜明的特点：多项式函数图形的特点取决于它的“带头大哥”也就是最高次方那一项的特征。

“带头大哥”的系数和奇偶性决定着函数图形的远端特征(End Behavior)。

在多项式为偶数次方的情形下，如果该系数为正数，那么该函数的图形一定是从左上方开始，到右上方结束；反之，如果该系数为负数，则函数的图形一定是从左下方开始，到右下方结束。例如，我们中学常见的抛物线就符合上述情况。

在多项式次数为奇数的条件下，如果“带头大哥”的系数为正，那么函数的图形，一定是从左下方开始到右上方结束；反之，如果该系数为负数，则函数的图形一定是从左上方开始到右下方结束。

很显然，由于函数的图形存在着从左上方到右下方或者从左下方到右上方的穿越，这样的函数图形一定和 x 轴有交点，也就是说单数次方的高次多项式函数一定有至少一个根。

例：由于函数 $y=f(x)=x^3+2x^2-17x-11$ 是奇数次的多项式，所以方程

$x^3+2x^2-17x-11=0$ 一定有至少一个实数根。

实际上，上述的方程是有三个实数根的。其图形如下：

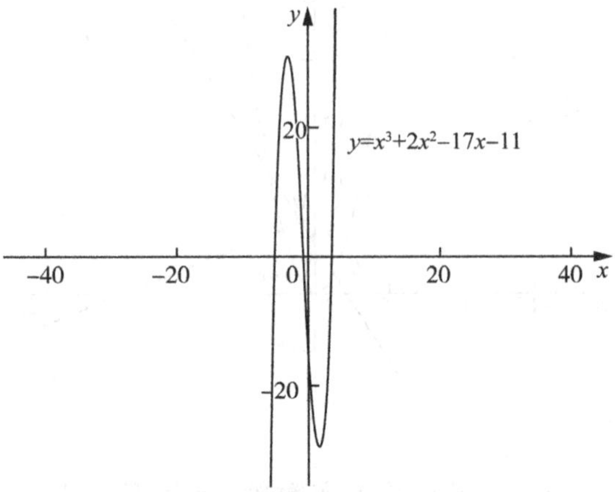

至于偶数次方的多项式，由于其图像的远端是从左上到右上或者从左下到右下，和 x 轴有没有交点没有定论。它可以有一个、两个、n 个根，也可以压根没有实数根。也就是说，偶数次方的高次方程不一定有实数根。

实际上，对于一元二次方程 $ax^2+bx+c=0$，很多中学生都能一板一眼地告诉你：这样的方程何时有两个相同根、何时有两个不同根、何时没有实数根。

但是仅仅给次数加上个 2，写出个这样的方程：

$$ax^4+bx^3+cx^2+dx+e=0$$

你还会解吗？

不会也不要气馁，因为你要向大学数学教授要这样的方程的求根公式，他也不一定会。

1.5.2 有理函数

有理函数是多项式函数的自然延伸，通常是指两个多项式函数的比或商，例如：

$$y=\frac{P(x)}{Q(x)}=\frac{p_nx^n+p_{n-1}x^{n-1}+\cdots+p_1x+p_0}{q_mx^m+q_{m-1}x^{m-1}+\cdots+q_1x+q_0} \tag{1-8}$$

上述函数中，分子分母分别为次数为 n 次和 m 次的多项式函数。

这样的函数，其定义域就是除去 $Q(x)=0$ 的根的所有实数。也就是说，只要 x 使得 $Q(x)$ 不等于零，那 x 都在 y 的定义域内。

在考察函数的定义域的时候，有一种情形一定要注意，这也是常见的小考点。我们来看一个例题。

例 1-4) 求 $f(x)=\dfrac{(x-3)(3x^4+5)}{x^2-5x+6}$ 的定义域。

解：按照标准方法，一定是找到分母函数等于零的根，然后就知道，所求的定义域是除去这些根的所有实数。求根很容易，很多人都可以轻松找到 2 和 3 这两个根。不难发现，分母函数实际上可以写成：

$$x^2-5x+6=(x-3)(x-2)$$

如此一来，我们就有：

$$f(x)=\frac{(x-3)(3x^4+5)}{(x-3)(x-2)}$$

这个时候，有不少勤快人会把分子和分母都有的 $(x-3)$ 约分掉。这样一来，他们就把函数写成了：

$$f(x)=\frac{3x^4+5}{x-2}$$

这样就得出了 $f(x)$ 的定义域是除 2 以外的任意实数的结论。敲桌子，错！正确的答案应该是除 2 和 3 以外的任意实数。

求定义域的时候，约分的“闲事儿”不要管！

很显然，由于 $P(x)$ 和 $Q(x)$ 的多变性，式(1-8)中的函数图形基本没有规律可循。尽管如此，其图形的远端特征还是可以简单聊聊的。

探寻 y 的图形的远端特征，一定得从 $P(x)$ 和 $Q(x)$ 这两个多项式的“带头大哥”的次数和系数说起。无非三种情形，$P(x)$ 的次数等于、高于和低于 $Q(x)$ 的次数。

先说第一种情形，$P(x)$ 和 $Q(x)$ 次数相同，即 $n=m$。这个时候，两位“带头大哥”的系数之比就起了决定性的作用。y 的图形无论中间如何变化，但是其最边远的左边和最荒凉的右边，将无限接近这条直线：

$$y=\frac{p_n}{q_m}$$

这条直线有个英文名称叫作“Asymptote”，这个源自拉丁语的单词，原意是永不相交的意思，李善兰大师把它翻译为渐近线。

关于渐近线，后期学完极限会再讲，目前只要先明白两点即可：

1）函数的图形的远端可以和这条渐近线接近到任意程度。

2）函数的图形的远端不可能达到这条直线（近端倒是有可能相交）。

我们再看一个例题。

$$y=\frac{2x^2+4}{x^2+7x-8} \tag{1-9}$$

按照我们刚才的叙述，这个函数符合分子分母次数相同的条件，有一条渐近线：

$$y=2$$

其图形如下所示：

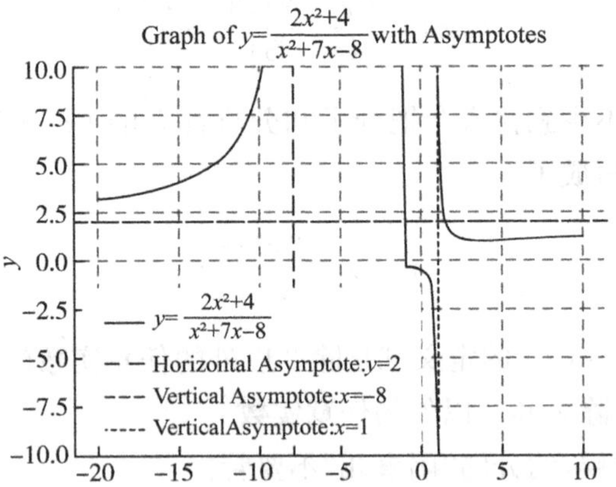

注意到了吗？上图中，y 轴右边的函数图形就跟渐近线有个交点。

再看第二种情形，分子 $P(x)$的次数高于分母 $Q(x)$的次数，即 $n>m$。

此时，函数图形的远端特性，就取决于$(n-m)$的奇偶性和分子分母两个“带头大哥”系数正负号的异同：奇数遭遇系数同号时，函数图形远端是左下到右上；奇数碰上系数异号，则图形是左上到右下。反之，偶数遇上系数同号，函数图形远端是左上到右上；偶数碰上系数异号，则图形是从左下到右下。

刚刚初步介绍了渐近线的情况，这种渐近线有一个明显特征就是平行于 x 轴。通常我们把这种渐近线叫作水平渐近线。

既然谈到了水平渐近线，很自然我们要问，有没有竖直渐近线？有！

前文中，我们在谈到 y 的定义域的时候曾经说过，除去 $Q(x)=0$ 的根的所有实数，就是 y 的定义域。假设 x_1 是 $Q(x)$的一个根。由于 y 的图形不可能包含点 x_1，所以，无论多么接近，也不可能触及这条直线：

$$x=x_1$$

这条直线也是 y 的一条渐近线，由于这条直线是平行于 y 轴的，很自然，我们把它叫作竖直渐近线。

例，从上图中可以看到，式(1-9)中的函数有两条竖直渐近线分别是

$$x=1 \text{ 和 } x=-8$$

说到这儿，有人就会问：既然有水平的和竖直的渐近线，那么有没有斜的渐近线呢？

当然有。所谓斜渐近线(Oblique Asymptote)就是一条形式为 $y=kx+b$ 的直线，如果函数 y 和它无限接近又不相交，那么它就是 y 的斜渐近线。

斜渐近线就出现在分子 $P(x)$ 的次数刚好比分母 $Q(x)$ 的次数高 1 的情形下。但是请注意，$P(x)$ 的次数比 $Q(x)$ 的次数高 1，仅仅是必要条件，并不是充分条件。判定有没有斜渐近线，得用到稍后学习的极限的知识。

第三种情形，分子 $P(x)$ 的次数低于 $Q(x)$ 的次数，即 $n<m$。在此情形下，函数 y 的图形，无论中间如何地千回百转，其左右两边的远端将无限地接近 x 轴。换句话就是，这一次 x 轴成了函数 y 的渐近线。

1.5.3 指数函数和对数函数

在有理函数里面，自变量 x 的次数都是整数次方。如果我们把 x 的次数由整数向有理数扩展一下，有理函数就变成了根式函数。其实，这种扩展是可以扩展到任意实数的。一般来说，指数函数长这样：

$$y=a^x$$

上面式子中，尽管 a 可以是负数，但是我们通常研究的是 a 是正数的情形。于是，我们可以试着找一下上述指数函数的反函数 $g(x)$。按照标准步骤，我们要找的表达式是使得下列等式成立的函数：

$$g(f(x))=g(a^x)=x \tag{1-10}$$

这个函数，就是对数函数。其标准写法为：

$$g(x)=\log_a x \tag{1-11}$$

把式(1-10)代入定义式(1-11)中，我们就得到：

$$\log_a a^x=x$$

需要强调的是，上述对数函数的底 a 大于 0 且不等于 1！

提到对数函数，最著名和常用的就是下面两个恒等式：

1）换底公式 $$\log_a N = \frac{\log_b N}{\log_b a}$$

2）对数恒等式 $$a^{\log_a N} = N$$

由于对任意 a，$a^0=1$ 都成立，所以，所有指数函数的图形都会经过点(0，1)；与此同时，所有对数函数的图形都必然经过点(1，0)。

以下是函数 $y=2^x$ 和其反函数 $y=\log_2 x$ 的图形。

从图中，我们还可以看到，指数函数的渐近线是 x 轴；自然，作为指数函数的反函数，对数函数的图形和指数函数的图形关于直线 $y=x$ 对称。这种对称的结果是，相应的渐近线也对称。即，对数函数的渐近线是 y 轴。

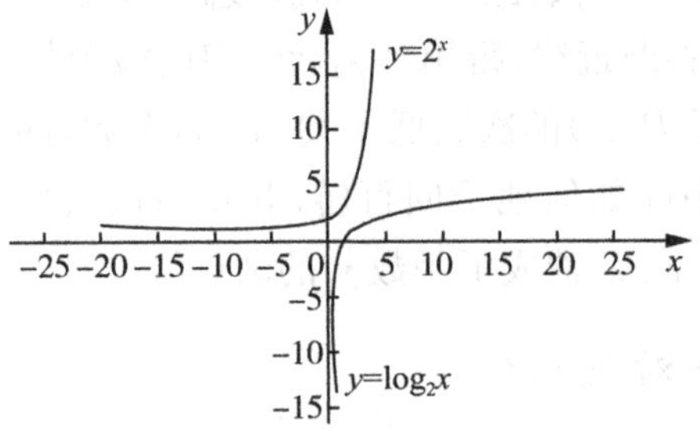

需要注意的是，$a>1$ 和 $a<1$ 时，指数函数的图形走向截然不同，下图展示了两个指数函数 $y=2^x$ 和 $y=0.5^x$ 的图形。

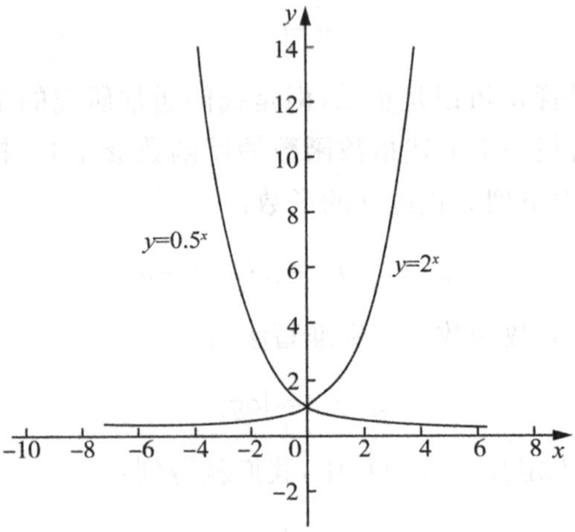

同样，视对数的底大于 1 或小于 1 的不同，其图形走向也大相径庭，下图展示了函数 $y=\log_2 x$ 和 $y=\log_{0.5}x$ 的图形。

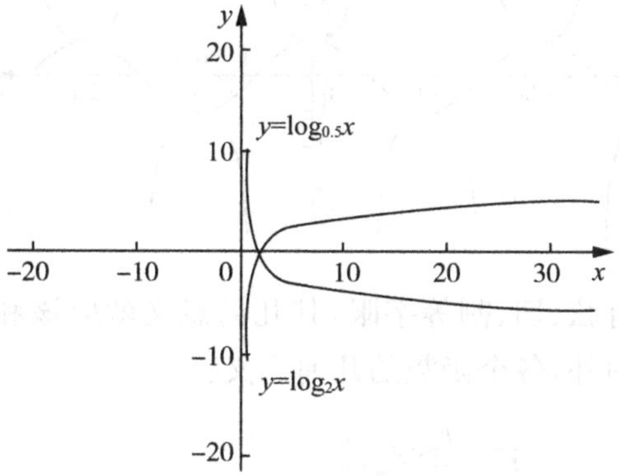

我们在中学里就知道，以 10 为底的对数叫常用对数(Common Logarithm)。此处，咱们先让一个新朋友混个脸熟，高等数学经常打交道的是一个底为 e 的对数，叫做自然对数(Natural Logarithm)。e 和圆周率 π 一样是一个无理数，小数点后 10 位数的表达为：

$$e=2.718\ 281\ 828\ 4\cdots$$

e 的定义，我们将在下一章正式介绍。以 e 为底的对数表达符号是 ln，例如 ln3、ln5 等，自然，根据定义可以得到：

$$\ln e=1$$

1.5.4　三角函数及其反函数

三角函数我们并不陌生，我们中学阶段学的三角函数主要有正弦 sin、余弦 cos、正切 tan、余切 cot 四种。今天我们介绍两个新伙伴，正割函数 $\sec x$ 和余割函数 $\csc x$：

$$\sec x=\frac{1}{\cos x}$$

$$\csc x=\frac{1}{\sin x}$$

余弦函数 $\cos x$ 和正割函数 $\sec x$ 图形的对比，见下图：

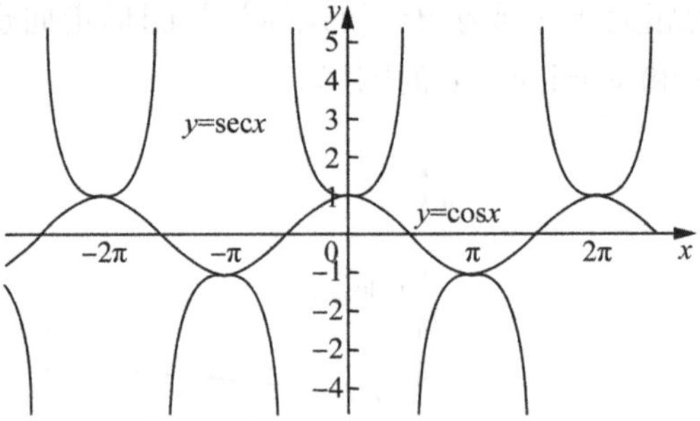

函数名称既然有弦、切、割等字眼，其几何意义就应该和圆挂上关系。下图就展示了在单位圆内外，各个函数的几何意义：

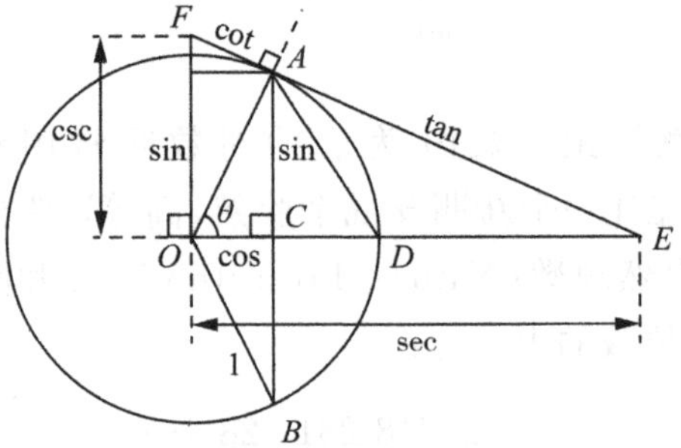

其中：

$$\sin\theta = AC$$

$$\cos\theta = OC$$

$$\tan\theta = AE$$

$$\cot\theta = AF$$

$$\sec\theta = OE$$

$$\csc\theta = OF$$

仔细玩味，颇有意思！其中圆的弦线、切线、割线分别和相应的正弦、正切、和正割函数有关系。

最常用的三角函数公式如下。

恒等式：$\sin^2\alpha + \cos^2\alpha = 1$

正弦倍角公式：$\sin 2\alpha = 2\sin\alpha\cos\alpha$

余弦倍角公式：$\cos 2\alpha = \cos^2\alpha - \sin^2\alpha$

$$= 2\cos^2\alpha - 1$$

$$= 1 - 2\sin^2\alpha$$

熟练这个 $\cos 2\alpha$ 的 3 个不同的表达式，大有裨益。

另外还有和差化积公式：

$$\sin\alpha \pm \sin\beta = 2\sin\frac{1}{2}(\alpha \pm \beta)\cos\frac{1}{2}(\alpha \mp \beta)$$

$$\cos\alpha + \cos\beta = 2\cos\frac{1}{2}(\alpha + \beta)\cos\frac{1}{2}(\alpha - \beta)$$

$$\cos\alpha - \cos\beta = -2\sin\frac{1}{2}(\alpha + \beta)\sin\frac{1}{2}(\alpha - \beta)$$

还有一对和割线函数有关的公式：

$$\tan^2\alpha + 1 = \sec^2\alpha$$

$$\cot^2\alpha + 1 = \csc^2\alpha$$

下表是这些三角函数的一些基本特性。

函数	定义域	值域	奇偶性	周期
$y=\sin x$	所有实数	$[-1,1]$	奇	2π
$y=\cos x$	所有实数	$[-1,1]$	偶	2π
$y=\tan x$	$x \neq k\pi+\frac{\pi}{2}$（$k$ 为整数）	$(-\infty,\infty)$	奇	π
$y=\cot x$	$x \neq k\pi$（k 为整数）	$(-\infty,\infty)$	奇	π
$y=\sec x$	$x \neq k\pi+\frac{\pi}{2}$（$k$ 为整数）	$(-\infty,-1]\cup[1,+\infty)$	偶	2π
$y=\csc x$	$x \neq k\pi$（k 为整数）	$(-\infty,-1]\cup[1,+\infty)$	奇	2π

关于三角函数的反函数，有两种表示方法，一种是直接用 $f^{-1}(x)$ 表示，另一种等价的表示，是直接在原函数前面加“arc”。也就是说：

$$\sin^{-1}(x) = \arcsin(x)$$

$$\tan^{-1}(x) = \arctan(x)$$

下图是正弦函数和其反函数的图形。

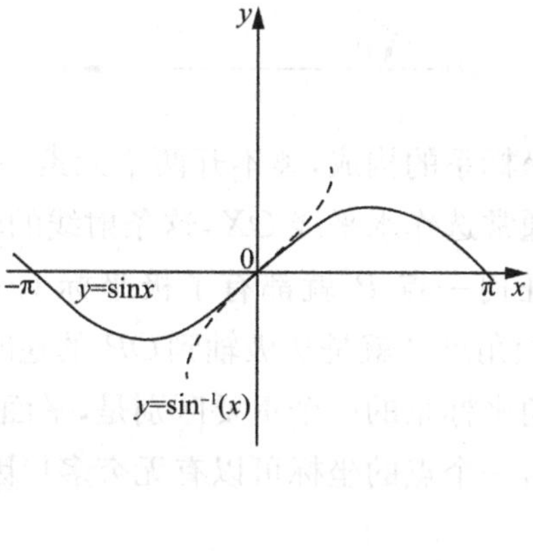

再来一张 $\tan x$ 和 $\arctan x$ 的图形对比。

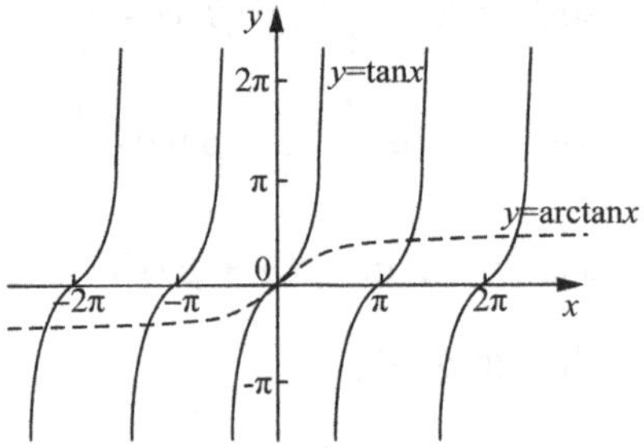

1.6 极坐标系(Polar Coordinate System)以及极坐标函数

迄今为止,我们讨论的所有函数,都是笛卡尔坐标系(Cartesian Coordinate System)下的函数。这个以法国数学家 Cartesian 命名的坐标系,又叫平面直角坐标系,是以一个点距离原点的横向和竖向距离来确定一个点的位置的。

这种坐标系简单实用。比如,把北京天安门作为原点,把向东和向北方向分别作为 x 轴和 y 轴的正方向,那么全国的每一个位置都会有一一对应的、唯一的坐标。

但是,同样是把北京天安门设为参考点,我们也可以把每个点距离天安门的直线距离以及天安门的东向射线与天安门和每个点的连线的逆时针夹角,作为坐标来确定每个点的位置。这样来确定位置的体系也是完全站得住脚的。

这种坐标系就叫作极坐标系:

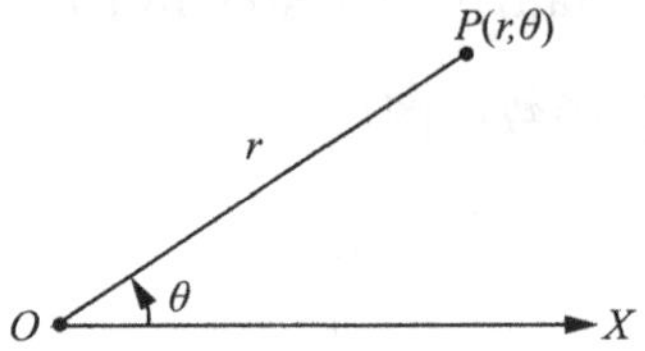

如图所示,一个极坐标系的构成,离不开两个元素:极点 O 和由极点出发的基准射线,为使用方便通常选作水平线 OX,这条射线的名称是极轴。

这样一来,平面上任何一点 P 就都有了极坐标 (r,θ),其中,r 就是线段 OP 的长度,又叫极径;而角度 θ 就是从极轴到 OP 的逆时针夹角,又叫极角。

极坐标系、平面直角坐标系的一个重要区别是,平面坐标系里点坐标和点一一对应。而极坐标系里,一个点的坐标可以有无穷多!因为很显然,点 (r,θ) 和点$(r,\theta+2k\pi)$是一回事儿。此外，还要注意下面的情况。

一般来说，极径的定义是线段的长度，应该是非负数。但是，有时候，为了处理问题方便，我们也可以把极径写成负数。

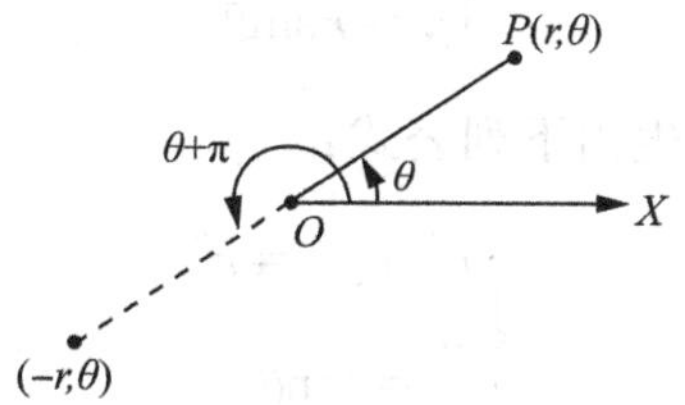

如图所示，我们约定：在几何上，点$(-r,\theta)$就代表这个点不在极角为θ的射线上，而是在这条射线的相反方向。也就是说 点(r,θ)和点$(-r,\theta+\pi)$是重合的。

划个小重点：

$$(-r,\theta)=(r,\theta+\pi) \tag{1-12}$$

另外一点比较好理解，那就是点$(r,-\theta)$就表示极角是从极轴开始顺时针转了角度θ。

再多看几个极坐标系中的点，来点感官认识吧！

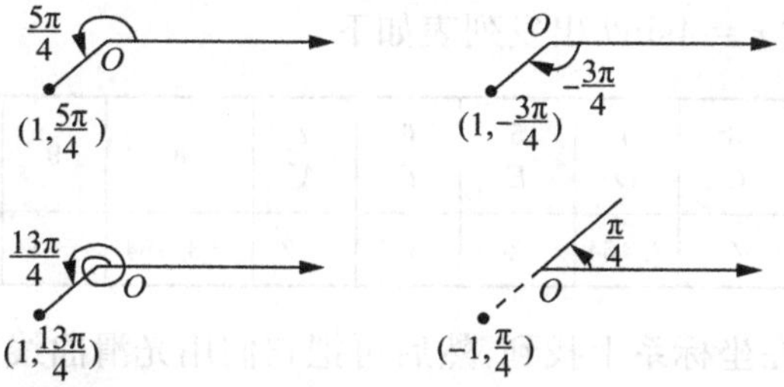

如果把极坐标系里的极点O取为原点，极轴OX取为x轴正向，极角为$\frac{\pi}{2}$的射线取为y轴，我们就又建立了一个熟悉的平面坐标系。如下图所示：

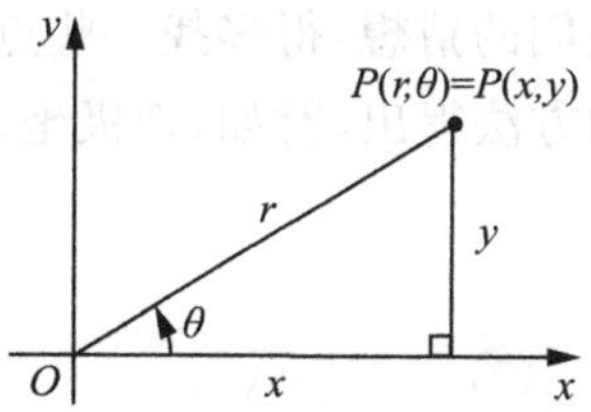

这样一来，平面上的每一点 P 都有两套坐标，一套是 $x-y$ 系列的，另一套是 $r-\theta$ 系列的。这两套系列的坐标是可以相互转化的，转化的标准就是：

$$\begin{cases} x = r\cos\theta \\ y = r\sin\theta \end{cases}$$

上面的公式还可以派生出下列公式：

$$\begin{cases} x^2 + y^2 = r^2 \\ \dfrac{y}{x} = \tan\theta \end{cases}$$

这几个公式虽然简单但十分重要。

极坐标系的函数，表示的是极径随极角的变化而变化的关系，通常以 $r = f(\theta)$ 表示。

例 1-5)　画出函数 $r = 4\sin\theta$ 的图形，并将该函数转化为平面坐标系下的函数。

解：在不了解图形形状的基础上画图，只有先找若干图形上的点，然后再小心翼翼地把这些点用尽量光滑的曲线连接起来。

既然函数是三角函数，周期为 2π，那就从 $\frac{\pi}{6}$ 开始列表算点，然后把这些点连接起来。从公式 $r = 4\sin\theta$ 出发列表如下：

$\theta\left(\times\frac{\pi}{6}\right)$	1 A	2 B	3 C	4 D	5 E	6 F	7 A'	8	9	10	11	12
r	2	3.464	4	3.464	2	0	−2	−3.464	−4	−3.464	−2	0

把这 12 个点在坐标系上找到，然后再把它们用光滑曲线连接起来即可。

有一点特别值得注意：我们知道第 7 个点 A' 其实和 A 点是重合的，同样，第 8 点到第 12 点，也分别和第 2 点到第 6 点重合。所以找出前 6 个点，即 A 到 F 点，连接起来就是整个图形。

如图所示，在坐标系上找到前 6 个点，用虚线把它们用光滑曲线连接起来，有点像是个圆。为了确认我们的猜想，得多找一些点来佐证。

以上结论也可以用别的方法得出，譬如，把极坐标方程 $r=4\sin\theta$ 转化为平面坐标方程。来试试：

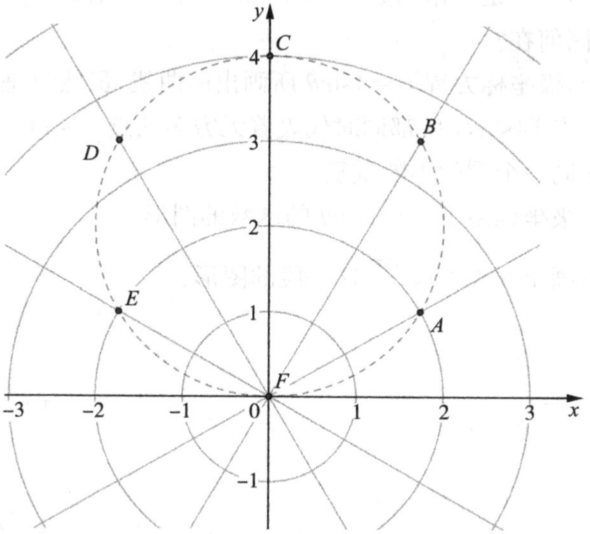

$r=4\sin\theta \Rightarrow r^2=4r\sin\theta$，也就是 $x^2+y^2=4y$。

其实就是：$x^2+(y-2)^2=4$。

走到这儿，算是彻底看清楚了！这个函数的图形就是一个圆心在 (0,2)，半径为 2 的圆。

接下来，我们把函数 $r=4\sin\theta$ 和圆 $x^2+(y-2)^2=4$ 的图形放到一个平面坐标系里比较一下。

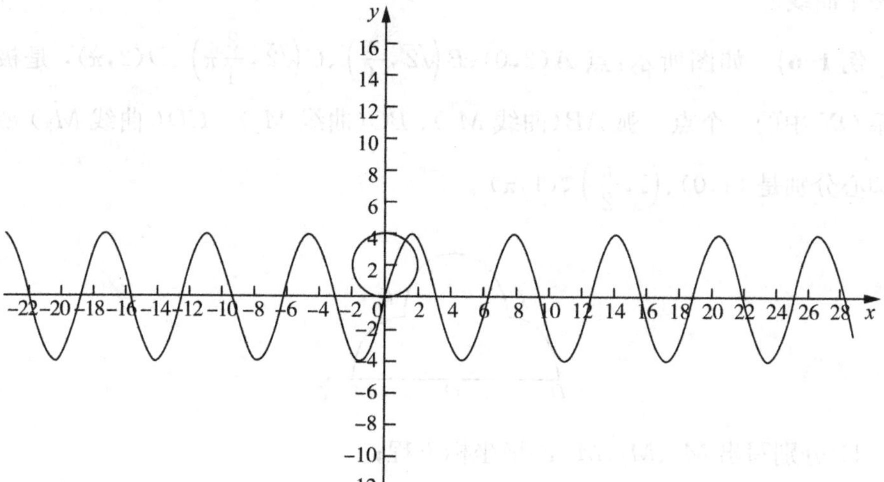

由上图可见，一个是三角函数，周期为 2π。另一个则是一个孤零零的圆，没看到周期性，原因何在？

原因就在于，极坐标方程 $r=4\sin\theta$ 所画出的曲线，虽然只是一个圆，但是这个圆上的每一个点 $(4\sin\theta,\theta)$ 都同时代表着无穷多的点 $(4\sin(\theta+k\pi),\theta+k\pi)$，其周期性体现在同一个圆的不断重复。

再来看一下极坐标系下 $r=4\sin\theta$ 的函数的图形。

这次我们只画出 $0\leqslant\theta\leqslant\frac{5\pi}{6}$ 这一段的图形：

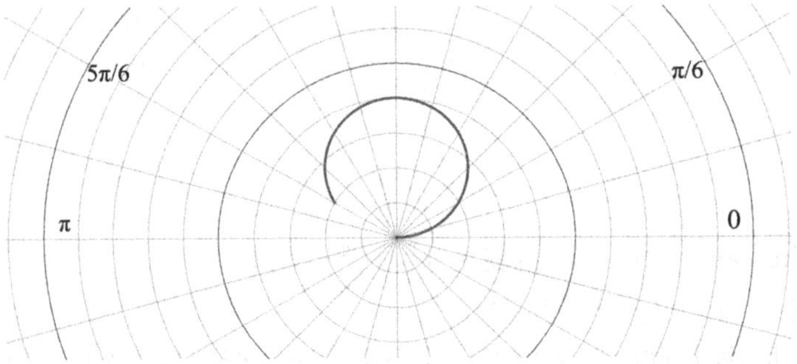

由图可见，仅仅是一个小于 π 的区间，这个圆已经快闭合了。

可以预见，$r=4\sin\theta$ 在区间 $[0,\pi]$ 的图形恰好是一个整圆。

请仔细品味：尽管 $r=4\sin\theta$ 的周期在 2π，但是图形在一个 π 的区间就完成了整个曲线。

例 1-6) 如图所示：点 $A(2,0)$、$B\left(\sqrt{2},\frac{\pi}{4}\right)$、$C\left(\sqrt{2},\frac{3}{4}\pi\right)$、$D(2,\pi)$，是极坐标系 OX 中的 4 个点。弧 AB（曲线 M_1）、BC（曲线 M_2）、CD（曲线 M_3）所在的圆心分别是 $(1,0)$、$\left(1,\frac{\pi}{2}\right)$、$(1,\pi)$。

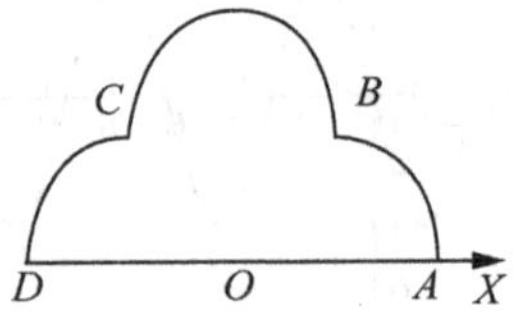

1) 分别写出 M_1、M_2、M_3 的极坐标方程；

2) 曲线 M 由 M_1、M_2、M_3 构成，点 P 在 M 上，且 $|OP|=\sqrt{3}$，求 P 点的极坐标。

解：

1）显然，四个点的平面坐标分别为：$A(2,0)$、$B(1,1)$、$C(-1,1)$、$D(-2,0)$。于是，得到 M_1 的平面坐标方程为：

$$(x-1)^2+y^2=1 \Rightarrow x^2+y^2=2x$$

转化为极坐标方程就是：$r^2=2r\cos\theta$。

即：

$$r=2\cos\theta \quad \left(0 \leqslant \theta \leqslant \frac{\pi}{4}\right) \tag{1-13}$$

这就是所求的 M_1 的极坐标方程。

同理可得，M_3 的极坐标方程为：

$$r=-2\cos\theta \quad \left(\frac{3\pi}{4} \leqslant \theta \leqslant \pi\right)$$

对于 M_2，我们操作如下：

$$x^2+(y-1)^2=1 \Rightarrow x^2+y^2=2y$$
$$\Rightarrow r^2=2r\sin\theta \Rightarrow r=2\sin\theta \quad \left(\frac{\pi}{4} \leqslant \theta \leqslant \frac{3\pi}{4}\right)$$

2）因为满足 $r=\sqrt{3}$ 的点，都在一个以原点为圆心、$\sqrt{3}$ 为半径的圆上。这种点在 M_1、M_2、M_3 上都存在，我们分别求之。

先求 M_1 上的 P 。由式(1-13)及题意，我们有：

$$\sqrt{3}=2\cos\theta \Rightarrow \theta=\frac{\pi}{6}$$

因此，我们得到 P 的极坐标为$\left(\sqrt{3},\frac{\pi}{6}\right)$。

根据对称性可知：位于 M_3 上的另一个点 P 的极坐标为 $\left(\sqrt{3},\frac{5\pi}{6}\right)$。

至于 M_2，我们发现有两个满足条件的点：

$$\sqrt{3}=2\sin\theta \Rightarrow \begin{cases} \theta_1=\dfrac{\pi}{3} \\ \theta_2=\dfrac{2\pi}{3} \end{cases} \Rightarrow \begin{cases} P\left(\sqrt{3},\dfrac{\pi}{3}\right) \\ P\left(\sqrt{3},\dfrac{2\pi}{3}\right) \end{cases}$$

本题的示意图如下：

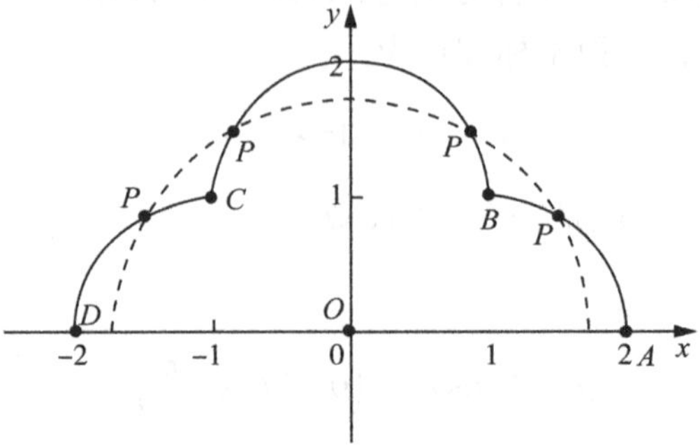

综上，中学学习过的相关数学内容就复习到这儿。

古人云，学而时习之，不亦说乎。今人说，光说不练，那是假把式。

咱们现在就开练！

练习一

1-1）请确定以下各个函数的定义域和值域及其反函数：

(1) $y=3x+5$；　　(2) $y=5x^2-2$；

(3) $y=\sqrt{4x+5}$ ；　　(4) $y=\dfrac{5}{x^2-6x-7}$。

1-2）已知点(9,−2)为函数 $y=x^2+kx+1$ 的反函数的图上一点，求常数 k。

1-3）已知一个三次函数的反函数的图形在 y 轴上有三个截距 $y=2$，$y=3$，$y=5$，并且该反函数经过点(24,12)。试求原函数。

1-4）分别用多项式除法和余数定理求多项式 $3x^4+2x^2+8x+6$ 被 $x+4$ 除的余数。

1-5）已知多项式 $2x^4+ax^2+bx-4$ 除以 $x-1$ 的余数是1、除以 $x+2$ 的余数是2，求 a、b。

1-6）如果多项式函数 $y=f(x)=\dfrac{ax^3+2x+5}{4x^3+5x-9}$ 有一条水平渐近线 $y=7$，求 a。

1-7）求多项式函数 $y=\dfrac{2x^3-x+5}{x^2+1}$ 的斜渐近线。

1-8）已知：$f(x)=2\sqrt{1-x}$，$g(x)=x^2-3$，求：

(1) $f(g(x))$；　　(2) $f(f(x)+g(x))$；

(3) $g(2f(x))$；　　(4) $f(f(1))$；

(5) $g(f(x))+2g(x+1)$；　　(6) $g(g(f(x-1)+2))$。

1-9) 已知 $f(x)=2x+a$，$g(x)=3x+b$，且 a，b 均为正整数。如果 $(f\circ g\circ f\circ g)(x)=(g\circ f\circ g\circ f)(x)$，求 $f(x)$、$g(x)$ 的 y 轴截距的最小值。

1-10) 已知 $f(x)=2x+a$，$g(x)=3x+b$，其中 a 和 b 为相异自然数。假设 $f(g(x))=g(f(x))$，求 $a+b$ 的最小值。

1-11) 已知：$f(x)=\sqrt{36-x^2}$，$g(x)=\dfrac{\sqrt{x-6}}{x^2-x-42}$。

求下列函数的定义域和值域：

(1) $f(x)$；　　(2) $g(x)$；　　(3) $(f\circ g)(x)$；

(4) $(g\circ f)(x)$；　　(5) $(f\circ f)(x)$；　　(6) $(g\circ g)(x)$。

1-12) 求：

(1) $-2\ 000°$ 和 $2\ 000°$ 之间有多少角度和 $-1\ 000°$ 是共边角？

(2) 写出正负 $360°$ 之间的所有和 $-1\ 000°$ 有相同参考角又不在一个象限的角。

1-13) 求下列函数的定义域、值域、渐近线、周期和零点：

(1) $y=2\sin(2x-6)+1$；　　(2) $y=-2\cot(2x+\pi)+3$；

(3) $y=3\sec(2x-5)+3$；　　(4) $y=5+2\cos2(x+3)$。

1-14) 已知 $\sec x-\tan x=5$，求 $\sec x$、$\tan x$。

1-15) 已知 $\sin x-x=\dfrac{1}{2}$，求 $\sec x$ 和 $\csc x$。

1-16) 求下列三角函数方程的通解：

(1) $\sin\dfrac{x}{2}-\cos x=1$；

(2) $5\sin x-12\cos x=3$；

(3) $\sqrt{3}\sin x+\cos x=\sqrt{2}$。

1-17) 求下列三角函数的反函数相关的值：

(1) $\sin^{-1}(0.5)$；　　(2) $\tan^{-1}\sqrt{3}$；

(3) $\arcsin 1$；　　(4) $\tan(\arctan 10)$；

(5) $\tan^{-1}(\tan\dfrac{3}{4}\pi)$；　　(6) $\sin(2\tan^{-1}\sqrt{2})$；

(7) $\csc\left(\arccos\dfrac{3}{5}\right)$；　　(8) $\cos\left(\arcsin\dfrac{1}{2}\right)$。

1-18）如果 $a^{2b+n}=b^{3a+m}$，$a^n=b^m$，并且 m、n 为相异自然数，a、b 为相异正实数，请用 m 和 n 表达 a。

1-19）求下列函数的定义域、值域、两轴截距和渐近线：

(1) $(y+2)^3=(2^{x^2}-16)^{\frac{1}{x-4}}$；

(2) $y=\dfrac{1}{1-2^x}\cdot\dfrac{1}{1-2^{-x}}$。

1-20）求解下列方程组：$\begin{cases}3^x+3^y=84\\2^{x-1}=2\cdot 2^{y+1}\end{cases}$。

1-21）解方程：$3\cdot 16^x-2^{2x+1}-8=0$。

1-22）解方程组：$\begin{cases}\log_8 xy=4\\(\log_4 x)(\log_4 y)=8\end{cases}$。

微积分的灵魂——极限

第二章

CHAPTER 2

让我们正式“开玩”微积分！

微积分和初等数学的区别在于：初等数学比较直观、宏观，而微积分则比较抽象、微观。

如果说，初等数学是涉及大趋势的话，微积分则是研究影响大趋势的一个个小趋势。做数学，免不了和各种曲线打交道，例如圆锥曲线、指数曲线、对数曲线等，除此之外还有大量稀奇古怪的曲线。

比如这样一个函数： $y=f(x)=x+\sin(x^2+4x)$

还有这个： $y=g(x)=x^3+2x^{\sqrt{x+\tan x}}$

别说研究了，可以说，这种函数的图形长啥模样都很难想象。

我们在研究这些曲线的时候，多想用研究直线的方法啊！为啥？当然是因为在所有的曲线形式中，直线最简单——简单到只有斜率和截距两个关键元素。所以，自然就把脑筋动到了如何用直线的处理方法来对待各种各样的曲线上。用简单手段解决复杂问题，是人类永远的追求。

幸运的是，如此做是有道理的！

因为，我们总可以认为，每一条曲线都是由许多条细微长度的直线段组成的。要研究曲线，只要微观地看清楚这些短线的性状即可。

于是，方法就来了。你不是曲线吗？我把你分成 10 段，每一段就没那么曲了吧？如此，每一段都给予直线待遇，分别研究。有误差？那就分成 100 段，每一段都按直线进行研究，各个击破。误差还是有点大？直接分成 100 万段，每一段曲线都按照直线一样处理，误差不大了吧？！

如果细分不能解决精度问题，那就再细分！

这种从简单出发解决复杂问题的方法是最朴素和接地气的方法，古代先贤所说的“不积跬步，无以至千里”，就是这个道理。

2 200 多年前，阿基米德为了计算圆周率，用圆内接的正多边形的周长，来逼近圆周长。他从正六边形一直做到正 24 边形。

当然，即使做到 240 边形，仍然得不到完全精确的圆周率。1 800 多年后，牛顿和莱布尼茨各自分别解决了这个问题。

牛顿和莱布尼茨用的办法，其实和阿基米德如出一辙，都是细分再细分。只不过，他们手中多了一个非常好用的工具——极限(Limit)！

极限？极限！

极限是微积分中最重要的概念之一。微积分中其他重要概念，诸如导数、连续、积分、级数等，都是基于极限来定义的。所以，要玩转微积分，我们必须先搞定极限。

极限很重要！极限很重要！极限很重要！

极限，我们来啦！

2.1 极限——毫不友好的定义

学数学，最最重要的一点，那就是要概念清楚！所谓概念清楚，那就是对定义、公理等你影响不了、改变不了的东西，不能含糊、怀疑，必须服从、接受、理解、掌握！这是最重要的“心法”。

有人就老跟自己改变不了的事情较劲。要学会接受你看不惯甚至不喜欢又无力改变的东西，就像接受四季轮替一样自然。如此，你会快乐许多。

温馨预告一下：数学里那些必须搞清楚的基于公理的定义，有时会很拗口、很难懂。但是请放心：聪明如你，稍下功夫，一定没问题。我们今后在社会上也一定会有不想面对又必须面对的事情，权当“练兵”了！

至于定理、性质、推论等，这是技法。想考满分的，应该了解过程及原理，而不是在考试中得优就满意了。

好，是时候隆重推出极限的定义了！

函数极限的定义：

设函数 $f(x)$ 在点 x_0 的某一邻域内有定义，如果存在常数 A，对于任意给定的正数 ε（无论它多么小），总存在正数 δ，使得当 x 满足不等式 $0<|x-x_0|<\delta$ 时，对应的函数式 $f(x)$ 都满足不等式：$|f(x)-A|<\varepsilon$，那么常数 A 就叫作函数 $f(x)$ 当 x 趋于 x_0 时的极限，记作：$\lim\limits_{x\to x_0}f(x)=A$。

怎么样，晕不晕？一个定义里，出现 N 个没见过的元素，这尴尬劲儿是不是有点像你终于逮着机会参加一个你憧憬已久的重要聚会，到场之后，你发现你谁都不认识！

说实话，笔者我第一次看到这个定义，也是一头雾水。

温馨提醒：这是微积分里最重要的定义。而且，这个定义是在牛顿去世130多年后，才由德国数学家卡尔・特奥多尔・威廉・魏尔施特拉斯(Karl Theodor Wilhelm Weierstrass)提出的。

甚至可以说，没有这个严格的函数极限定义，天才莱布尼茨和牛顿那一套非常好用的微积分，是有瑕疵的。好在牛顿他们没有用错。

在你成长过程中，有没有这样的体会？不管我们有多不愿意，有时候我们不得不做一些不想做的事儿，不得不面对一些不想面对的人。

就像现在，魏尔施特拉斯给出的这个定义确实不友好、很生硬。但我们要玩

现代分析之父——卡尔·特奥多尔·威廉·魏尔施特拉斯

转微积分,就绕不过去。既然绕不过去,那就只好面对!

如果直接理解有困难,我们讲个故事试试?

2.2 关于极限的故事

为什么要讲故事?

很多道理是可以通过讲故事而变得更加通俗易懂的。故事启发真理的特性依然如故。所以今天我们来讲个极限的故事:

首先声明,本故事不能完全替代最严格的数学定义,但是按照本故事去理解极限,没有问题!

其实,极限可以理解为一个发生在自变量 x 和它的函数 $f(x)$ 之间的故事,故事就发生在自变量 x 雄赳赳、气昂昂地向 x_0 靠近的过程。

不管它们两个原来离得有多远,我假设它第一步就把这个距离缩短一半。接下来的第二步,把已经缩短一半的距离又缩短一半。第三步,把第二步已经缩短的距离又缩短一半距离。以后的步骤继续缩短一半前一步的距离。照此模式……

x 如此这般地折腾,离 x_0 也越来越近了。那函数 $f(x)$ 呢?做为一个因变量——人家的函数,有什么办法呢?随着 x 的折腾,跟着不停地变化呗!

划重点:在这个过程中,随着 x 和 x_0 越来越近,如果从某一步后 $f(x)$ 在一个位置,譬如 A 附近,不再变化了、变化不动了或者是变化细微到可以忽略不计了。这个时候,极限就诞生了!A 就是 $f(x)$ 在点 x_0 的极限。

所谓的变化可以忽略不计,指的是,不管你要求多么高的精确度,都可

以发现：从 x 往 x_0 趋近的过程中的某一步之后，所有的 $f(x)$ 的值，即使不等于 A，和 A 的差距也细微到足以满足你的精确度。也就是说，从某一步之后，$f(x)$ 即使不等于 A，$|f(x)-A|$ 也可以小到足以满足任何预设的精确度。

这个极限的故事可以写作：

$$\lim_{x \to x_0} f(x) = A \tag{2-1}$$

读的时候，可以摇头晃脑地说：当 x 趋于 x_0 时，$f(x)$ 的极限等于 A。为什么要摇头晃脑呢？你想啊，这么重要而难懂的东西，整明白了，高兴呗！

用中文字斟句酌地表述极限就是：如果当自变量 x 无限接近于 x_0 的时候，$f(x)$ 可以"任意"接近 A，那么 A 就是 $f(x)$ 在 x_0 的极限。

因为极限的概念很重要，所以关于理解方面笔者还得啰嗦几句：

首先，在 x 向 x_0 趋近的时候，我们关心的只是 x 和 x_0 的距离，不关心其方位，也就是说是走大路还是抄小路，是从村东头来还是从村南边闯，哪怕是忽东忽西（也可以说是从大于 x_0 的方向向其趋近或从小于 x_0 的方向向其靠近），都无关紧要。

其次，在这个极限诞生的故事里，我们关心的是 x 向点 x_0 趋近的过程，也就是只要 x 可以无限地接近 x_0，故事就成立。至于，x 能不能到达 x_0，或者说 x 能不能等于 x_0，不归我们管。同样，只要 $f(x)$ 可以任意接近 A 就行，至于 $f(x)$ 能不能等于 A，我们也不在意。

因此，本故事可以允许这样的情节：x_0 就不在 $f(x)$ 的定义域内！也就是说即使在 x_0 压根就没有定义（只是在 x_0 附近有定义），$f(x)$ 仍然可以在 x_0 有极限。如下图所示：

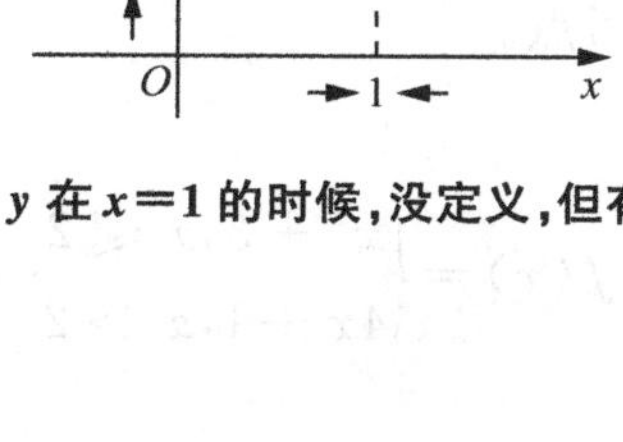

函数 y 在 $x=1$ 的时候，没定义，但有极限

与前述的情形相对，还存在另外一种情况：$f(x)$ 在 x_0 既有定义、也有极限，但是函数值不等于极限值。也就是：

$$\lim_{x \to x_0} f(x) \neq f(x_0)$$

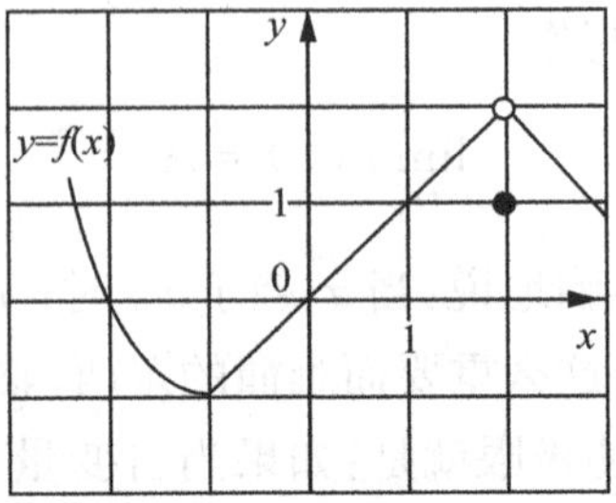

这个函数 y，在 x=2 的时候，函数值就不等于极限值

极限，作为高等数学中最重要的概念之一，重视的就是过程。

只要将关于极限的概念理解透彻了，那接下来介绍的东西，就是水到渠成的事情了。我们要说的就是所谓的左极限和右极限。

还拿 x 趋于 x_0 的故事说事，如果当 x 完全是从小于 x_0 的方向，即从左边往其靠近的时候，存在极限 A，那么这个极限就叫做左极限。记作：

$$\lim_{x \to x_0^-} f(x) = A$$

反之，如果 x 是从 x_0 的右方向也就是大于 x_0 的方向向其运动的时候，存在极限 A，这个极限就叫做右极限。自然地，右极限记为：

$$\lim_{x \to x_0^+} f(x) = A$$

这两种极限又叫做单边极限。

强调一下，我们通常所说的在 x_0 有极限，那一定是指在 x_0 既有左极限，又有右极限，并且这两个极限值相等。即：

$$\lim_{x \to x_0^-} f(x) = \lim_{x \to x_0^+} f(x) = A$$

顺便说一下，给你个函数，指定 x_0 的值，但是这个函数在指定的 x_0 两个单边极限不相等，这也恰恰是考点。

例 2-1)

$$f(x) = \begin{cases} x^2 + 3, x \leqslant 2 \\ 4x + 1, x > 2 \end{cases}$$

很显然,上述函数 $f(x)$在点 2 的单边极限分别为 7 和 9,即:

$$\lim_{x\to 2^-} f(x)=7$$

$$\lim_{x\to 2^+} f(x)=9$$

2.3 关于无穷大

关于函数极限的故事,还有一个著名的变式,就是:如果随着 x 离 x_0 越来越近, $f(x)$ 变得非常之大,大到无论你事先定下来多大的一个值,从某一步骤后, $f(x)$ 的值都在这个预设的值之上,这种情况下,我们就可以说, $f(x)$ 在 x_0 的极限值是无穷大,记为:

$$\lim_{x\to x_0} f(x)=\infty$$

例 2-2)

$$\lim_{x\to 0}\frac{1}{x^2}=\infty$$

∞,这个横躺着的“8”,算是高等数学的特产,读作无穷大。这个躺在地上撒泼的“8”,注定会在今后的学习中给你带来一些麻烦,而你也一定会在解决它的过程中不断强大。

虽然说起来它像正常的极限,写起来也像正常的极限,但是一定要像记忆你银行卡密码一样牢牢记住的一个要点就是:无穷大不是一个具体数,记为极限值等于无穷大,也不是说明就存在通常意义下的极限,反而是在 x_0 没有极限的另一种说法。

无穷大的概念引入之后,负的无穷大或者叫无穷小的概念也就应运而生。这里,我们只需要把无穷大的符号变一下就可以得到无穷小的符号:$-\infty$。

无穷大的故事不仅可以发生在函数上,也可以发生在自变量上。我们回到那个极限的故事:假设 x 的运动方向不是往某一个值靠拢,而是往变大的方向拼命折腾,例如 x 每次的动作都是往坐标轴的右方进军 1 万个单位,也就是第一个动作 x 就变成了 $x+10\ 000$,以后的每个动作都是加上 10 000。故事如此发展下去,x 肯定是越发大了,如果 x 大到一定程度之后,函数 $f(x)$ 在一个常数 A 附近的变化可以完全忽略不计了,那么我们就说当 x 趋于无穷大的时候,函数 $f(x)$ 的极限等于 A。自然地,我们把这个故事写成下面的式子:

$$\lim_{x\to\infty} f(x)=A$$

请看下面的例子：

$$\lim_{x\to\infty}\frac{x+1}{2x}=\frac{1}{2}$$

再说一遍，我们在说 x 趋于无穷大的时候，是指一个 x 无限增大的趋势，并不是指 x 往一个非常大的具体数字靠近的过程。

此外，我们在讲 x 趋于无穷大，函数 $f(x)$ 极限的故事时，之所以没有像讲第一个极限故事那么细致，是因为我们假设你已经把第一个故事的精华吃透了。响鼓不用重锤敲！

2.4 再论渐近线

我们在介绍有理函数的图形时，曾经提到过渐近线的概念，在那个时候，我们只能含糊地说函数的图形在遥远的左边或者右边的形态，或者语焉不详地说函数的远端特征。

而今我们极限工具在手，是时候详细地讲述渐近线的故事了。

考察一下这个函数：

$$f(x)=\frac{(x-3)x}{2x^2}$$

按照我们以前的说法不难看出，这个有理函数的分子和分母的次数相同，而且分子"带头大哥"的系数和分母"带头大哥"的系数之比为 0.5。我们说过，在 x 很大的时候，函数值就非常接近 0.5。也就是说，直线 $y=0.5$ 是函数的渐近线。现在，用极限表示就非常简单：

$$\lim_{x\to\infty} f(x)=0.5$$

由此可见，所谓函数图形的远端特征，就是当 x 趋于∞或者$-\infty$时，函数图形的特征。有了极限这个有力工具，我们就可以给渐近线一个具体的定义了。请记住：

水平渐近线定义：如果

$$\lim_{x\to\infty} f(x)=A \text{ 或者 } \lim_{x\to-\infty} f(x)=A$$

这两个等式至少有一个成立，则直线：$y=A$ 称为函数 $f(x)$的水平渐近线。

竖直渐近线定义：如果

$$\lim_{x\to a}f(x)=\infty \text{ 或者 } \lim_{x\to a}f(x)=-\infty$$
$$\lim_{x\to a^+}f(x)=\infty \text{ 或者 } \lim_{x\to a^-}f(x)=-\infty$$
$$\lim_{x\to a^+}f(x)=\infty \text{ 或者 } \lim_{x\to a^-}f(x)=-\infty$$

这六个等式中，至少有一个成立，则直线：$x=a$ 叫做函数 $f(x)$ 的竖直渐近线。

既然渐近线是与众不同的，那就再来一个很多教科书都忽略的斜渐近线的定义：如果

$$\lim_{x\to\infty}[f(x)-(kx+b)]=0$$

或者

$$\lim_{x\to-\infty}[f(x)-(kx+b)]=0$$

则直线 $y=kx+b$ 为函数 $f(x)$ 的斜渐近线。

2.5 极限的运算法则

极限的运算法则非常简单易懂，都是可以依据极限的基本定义推导出来的。罗列如下：

若：$\lim\limits_{x\to a}f(x)$ 和 $\lim\limits_{x\to a}g(x)$ 均存在，

则：

1) $\lim\limits_{x\to a}[f(x)\pm g(x)]=\lim\limits_{x\to a}f(x)\pm\lim\limits_{x\to a}g(x)$；

2) $\lim\limits_{x\to a}[cf(x)]=c\lim\limits_{x\to a}f(x)$，$c$ 为常数；

3) $\lim\limits_{x\to a}[f(x)\cdot g(x)]=\lim\limits_{x\to a}f(x)\cdot\lim\limits_{x\to a}g(x)$；

4) $\lim\limits_{x\to a}\left[\dfrac{f(x)}{g(x)}\right]=\dfrac{\lim\limits_{x\to a}f(x)}{\lim\limits_{x\to a}g(x)}$。

友情提醒一下，在使用以上所列的法则 1)、3)、4)的时候，一定要注意：两个函数都在 a 点有极限，是使用这些公式的前提。

因为，两个函数的和或者积有极限，是不能保证这两个函数分别有极限的。玩高等数学，心里一定要有这根弦！

设：$f(x)=x$，$g(x)=\dfrac{1}{x}$

由上式不难看出，尽管 $g(x)$ 在 $x=0$ 这一点不存在极限，但是我们仍然有：

$$\lim_{x\to 0}[f(x)\cdot g(x)]=1$$

秉持着极限的基本概念，从以上这些运算法则出发，我们就可以推导出很多有用的函数的极限。

2.6 常见函数的极限

先告诉你一个好消息，尽管函数的极限故事讲起来似乎很复杂，但是常见函数在其定义域内的各个点的极限非常好求，而且只有一个标准动作：直接代入。

例 2-3） 假如 $f(x)=2x^2+3$

则：$\lim\limits_{x\to a}f(x)=f(a)=2a^2+3$

例 2-4） 我们有 $f(x)=4\sin(2x)+2\cos x$

则：$\lim\limits_{x\to\frac{\pi}{4}}f(x)=f\left(\frac{\pi}{4}\right)=4+\sqrt{2}$

例 2-5） 若 $f(x)=\dfrac{(2x-3)(x^2+2)}{(x-3)(2x+7)}$

则：$\lim\limits_{x\to 1}f(x)=f(1)=\dfrac{(-1)\times 3}{(-2)\times 9}=\dfrac{1}{6}$

一切安好哈？别高兴得太早，告诉你一个坏消息：现在没什么考试会再出简单到让你直接算一个常见函数在定义域内某点的极限这样的考题了。

关于极限，大量考题常常集中在和无穷大相关的极限或者函数在非定义域内的点的极限问题。

例如：

$$\lim_{x\to\infty}\frac{\sqrt[3]{x^3+2x^2+7}}{8x+9}$$

再例如：

$$\lim_{x\to 2}\frac{\sqrt{x+2}+2}{\sqrt{x+2}-2}$$

还有更离谱的：

$$\lim_{x\to 0}\frac{x-\sin x}{x^2+2x}$$

看到这里，如果有点迷糊，不应该沮丧，应该高兴才是。因为：本书中所提的问题,要么是,虽然你我不会,但是大多数数学专家也不会;要么是,虽然你不会做,但是我可以教你啊！从不会到会,应该是一个愉快的过程。

因此,我要隆重推出极限问题必杀技。

2.7 极限问题必杀技

归纳一下,让我们厌恶的极限问题有这么几类：∞,$-\infty$,$\frac{\infty}{\infty}$,$\frac{0}{0}$,$\infty \cdot 0$,1^{∞},0^0。

这个非常不讨人喜欢的问题的出现,无非是涉及函数定义域之外的极限问题或者是那个只可意会不可言传的所谓无穷大的问题。尤其是这个躺倒地上的∞。所以,先解决它！

∞是可以分级别的,同样是无穷大,真正一比较,还真可以看出“小巫见大巫”来。我们今天就给∞排排队,看看谁更牛。

常见的∞,有这么几种类型：

1) $\lim\limits_{x\to\infty} x^n = \infty$　其中：$n > 0$　(2-2)

2) $\lim\limits_{x\to\infty} \log_b x = \infty$　其中：$b > 1$　(2-3)

3) $\lim\limits_{x\to\infty} a^x = \infty$　其中：$a > 1$　(2-4)

以上三个类型的∞,用最朴素的观察法,都可以知道在 x 比较大的时候,我们有：

$$a^x > x^n > \log_b x \quad (a, b, n > 1)$$

也就是说,在奔向∞的过程中,a^x 比 x^n 快,$\log_b x$ 最慢。那么这种快慢能到啥程度呢？那可真是不比不知道,一比吓一跳。结果非常残酷,请直接看结果：

$$\lim_{x\to\infty} \frac{a^x}{x^n} = \infty$$

$$\lim_{x\to\infty} \frac{x^n}{\log_b x} = \infty$$

$$\lim_{x\to\infty} \frac{a^x}{\log_b x} = \infty$$

以上结果等同于：

$$\lim_{x\to\infty} \frac{x^n}{a^x} = 0$$

$$\lim_{x\to\infty}\frac{\log_b x}{x^n}=0$$

$$\lim_{x\to\infty}\frac{\log_b x}{a^x}=0$$

有点意思哈！看着挺牛的一个∞，跟别的∞相比，结果竟然能是0！

这一幕是不是在生活中也很常见？标准的天外有天啊！

这个解气的结果，你只管记住。至于证明，我们放到第四章再讲。现在是知识限制了我们的证明能力。

不同类型的∞相比，我们已经心中有数了。那么，同类型的∞内部的比较结果呢？

首先来看 x^n 型的∞：

$$\lim_{x\to\infty}\frac{x^n}{x^m}=\lim_{x\to\infty}x^{n-m}=\infty \qquad (n>m)$$

$$\lim_{x\to\infty}\frac{x^m}{x^n}=\lim_{x\to\infty}x^{m-n}=0 \qquad (n>m)$$

看看，哪怕 n 和 m 只差一点点，极限竟然存在天壤之别。

其次看看 $\log_b x$ 型的∞：

$$\lim_{x\to\infty}\frac{\log_b x}{\log_a x}=\log_b a$$

有事好商量，皆大欢喜。看人家这风度！

最后看看 a^x 型的∞：

$$\lim_{x\to\infty}\frac{a^x}{b^x}=\lim_{x\to\infty}\left(\frac{a}{b}\right)^x=\infty \qquad (a>b>0)$$

$$\lim_{x\to\infty}\frac{b^x}{a^x}=\lim_{x\to\infty}\left(\frac{b}{a}\right)^x=0 \qquad (a>b>0)$$

看到没有？又一次看到了或0或∞的结果。

按∞的厉害程度排列，a^x 型的∞最厉害；x^n 型的∞，次之；$\log_b x$ 型的∞，在最后。不同级别之间的∞没有可比性。挺大的一个 x^n，到了 a^x 这里，啥都不是。当然，对比下 $\log_b x$，更是不费吹灰之力的。

至于同类型的∞，a^x 型的是 a 越大越厉害；x^n 型的是 n 越大越猛；至于 $\log_b x$ 型的，不同的 b 的差别仅仅在一个常数。

这三种形式的无穷大，可以统称为无穷大量(Infinite Quantity)。

明白各种无穷大量级别高低的一个最大好处，就是在求$\frac{\infty}{\infty}$型极限时，你的工作可以极大简化：你可以把其他级别较低的函数直接拿掉，仅留下分子函数里的最牛的“带头大哥”和分母函数中的级别最高的函数对比，就可以很快得到结果。

请看下面这个极限，体会一下：

例 2-6)

$$\lim_{x\to\infty}\frac{\sqrt{2^x+3x}+x^8+9}{\log x+3x^2+1.5^x}$$

上面这个极限，是标准的$\frac{\infty}{\infty}$型的，按照我们的独门方法，得先找出分子函数的“带头大哥”，过程如下：先在根号内的函数中选个代表，那肯定是 2^x。既然如此，让 $3x$ 消失。这样，分子就剩下：$\sqrt{2^x}+x^8+9$ 这三项。这三项的“带头大哥”，自然是 $\sqrt{2^x}$。至于分母，很显然，1.5^x 轻松胜出。这样，我们就有：

$$\lim_{x\to\infty}\frac{\sqrt{2^x+3x}+x^8+9}{\log x+3x^2+1.5^x}=\lim_{x\to\infty}\frac{(\sqrt{2})^x}{1.5^x}=\lim_{x\to\infty}\left(\frac{2\sqrt{2}}{3}\right)^x=0$$

看清楚了吧？再来两个简单的例题：

例 2-7)

$$\lim_{x\to\infty}\frac{(2x^2+1)^2}{(x-1)^2(x^2+x)}=\lim_{x\to\infty}\frac{4x^4}{x^4}=4$$

例 2-8)

$$\lim_{x\to\infty}\frac{x^4-3x^2+x}{x^3+x+2}=\lim_{x\to\infty}\frac{x^4}{x^3}=\infty$$

搞定了$\frac{\infty}{\infty}$型的极限，也就相当于解决了$\frac{0}{0}$型的极限问题。因为总可以把$\frac{\infty}{\infty}$改写成$\frac{1/\infty}{1/\infty}$。这样$\frac{\infty}{\infty}$型的就变成了$\frac{0}{0}$型的了。

这里，我们介绍一个和无穷大量相对应的概念——无穷小量。简单说，无穷小量就是一个极限值为 0 的变量。

例如：

$x\to 0$ 时的 x、$\sin x$，$x\to 2$ 时的 $(x-2)$ 以及 $x\to\infty$ 时的$\frac{1}{x}$等都是无穷小量。

正如无穷大量有级别一样，无穷小量也可以有高低之分。例如，当 $x\to 0$ 时

的 x 和 x^2，尽管都是无穷小量，但是从小的程度来说，x^2 是比 x 更高级的无穷小量。

但是请注意，在求$\frac{0}{0}$型极限的时候，可不像$\frac{\infty}{\infty}$那样，分子分母只留下最高级别的，这时分子分母只留下级别最低的无穷小量才对。

例 2-9)

$$\lim_{x \to 0} \frac{x^3 + 2x^2 - 4x}{x^2 + 5x} = \lim_{x \to 0} \frac{-4x}{5x} = -\frac{4}{5}$$

预告一下，咱们这里讲述的$\frac{\infty}{\infty}$型极限的分级处理方法，将在后期的级数学习中大显身手。

无穷小量和无穷大量级别问题解决之后，我再介绍一个在江湖上很有名的极限给你：

$$\lim_{x \to 0} \frac{\sin x}{x} = 1$$

这个公式应用的机会非常多，各个传统教科书上都可学到证明。本书由于篇幅所限，恕不赘述。此外，在江湖上与此公式齐名的还有一个要辛苦你记住的公式：

$$\lim_{x \to 0} \frac{1 - \cos x}{x} = 0$$

说完这两个公式，我们趁着这股热乎劲练习两个例题巩固一下：

例 2-10)

$$\lim_{x \to 0} \frac{\sin 3x}{2x} = \lim_{x \to 0} \left(\frac{3}{2} \cdot \frac{\sin 3x}{3x} \right) = \frac{3}{2} \lim_{x \to 0} \frac{\sin 3x}{3x} = \frac{3}{2}$$

例 2-11)

$$\lim_{x \to 0} \frac{1 - \cos^2 x}{3x} = \lim_{x \to 0} \frac{(1 - \cos x)(1 + \cos x)}{3x}$$

$$= \lim_{x \to 0} (1 + \cos x) \cdot \frac{1}{3} \lim_{x \to 0} \frac{1 - \cos x}{x} = 2 \cdot \frac{1}{3} \cdot 0 = 0$$

实际的考试中，许多$\frac{0}{0}$型的极限问题，让你做的工作，就是想办法看一看导致分母为 0 的“坏”分子，能不能在分子找到相同的东西。如果能，把它俩约掉就“天下太平”了。有点像“以毒攻毒”。很自然，最简单易行的手段就是分解因式。

我们再来看一下在上一章见过的这个函数：

$$f(x)=\frac{(x-3)(3x^4+5)}{x^2-5x+6}$$

我们知道，上式中分母函数分解因式后，原函数就变成了：

$$f(x)=\frac{(x-3)(3x^4+5)}{(x-3)(x-2)}$$

此时，函数 $f(x)$ 分子分母都有因子 $(x-3)$。我们曾经说过，在求定义域的时候，约分的"闲事儿"不要管。但是，到了求极限的时候，改了！

求极限的时候，你需要尽可能地约分，约得越多越好。所以，我们有如下的操作：

例 2-12)

$$\lim_{x\to3}f(x)=\lim_{x\to3}\frac{(x-3)(3x^4+5)}{(x-3)(x-2)}=\lim_{x\to3}\frac{3x^4+5}{x-2}=\frac{3\cdot3^4+5}{3-2}=248$$

分解因式的手法，简单实用，可以解决很多$\frac{0}{0}$型的极限问题。但是，很多题目会换个角度考$\frac{0}{0}$型的极限。把根式函数引入了问题，例如：

$$\lim_{x\to1}\frac{\sqrt{x+3}-2}{x-1}$$

传统的分解因式手段，在这里似乎不灵了。对这一类看似复杂的问题，其实有一个破解的神器，那就是咱们早年学到的平方差公式：

$$a^2-b^2=(a-b)(a+b)$$

这个公式的运用，其重要性就像武术里的扎马步。接下来，我们用几个例题来看一下平方差公式的用法。

例 2-13)

$$\lim_{x\to-4}\frac{\sqrt{x^2+9}-5}{x+4}=\lim_{x\to-4}\frac{\sqrt{x^2+9}-5}{x+4}\cdot\frac{\sqrt{x^2+9}+5}{\sqrt{x^2+9}+5}$$

$$=\lim_{x\to-4}\frac{(\sqrt{x^2+9})^2-5^2}{x+4}\cdot\frac{1}{\sqrt{x^2+9}+5}$$

$$=\lim_{x\to-4}\frac{x^2-16}{x+4}\cdot\frac{1}{\sqrt{x^2+9}+5}$$

$$=\lim_{x\to-4}\frac{x+4}{x+4}\cdot\frac{x-4}{\sqrt{x^2+9}+5}$$

$$=\lim_{x\to-4}\frac{x-4}{\sqrt{x^2+9}+5}=\frac{-8}{5+5}=-\frac{4}{5}$$

看清楚没有？再举个例子。

例 2-14)

$$\lim_{x\to0}\frac{\sqrt{1+x}-\sqrt{1-x}}{x}$$

$$=\lim_{x\to0}\frac{\sqrt{1+x}-\sqrt{1-x}}{x}\cdot\frac{\sqrt{1+x}+\sqrt{1-x}}{\sqrt{1+x}+\sqrt{1-x}}$$

$$=\lim_{x\to0}\frac{(\sqrt{1+x})^2-(\sqrt{1-x})^2}{x}\cdot\frac{1}{\sqrt{1+x}+\sqrt{1+x}}$$

$$=\lim_{x\to0}\frac{2x}{x}\cdot\frac{1}{\sqrt{1+x}+\sqrt{1-x}}=1$$

过瘾没有？再来一款稍微烧脑的。

例 2-15) 计算极限 $\lim\limits_{x\to-8}\dfrac{\sqrt[3]{x}+2}{\sqrt{1-x}-3}$。

解:要解好这一题,一定得有点耐心。

$$\lim_{x\to-8}\frac{\sqrt[3]{x}+2}{\sqrt{1-x}-3}$$

$$=\lim_{x\to-8}\frac{(\sqrt[3]{x}+2)(\sqrt{1-x}+3)}{(\sqrt{1-x}-3)(\sqrt{1-x}+3)}$$

$$=\lim_{x\to-8}\frac{(\sqrt[3]{x}+2)(\sqrt{1-x}+3)}{(\sqrt{1-x})^2-3^2}$$

$$=\lim_{x\to-8}\frac{(\sqrt[3]{x}+2)(\sqrt{1-x}+3)}{-x-8}$$

$$=-\lim_{x\to-8}\frac{(\sqrt[3]{x}+2)(\sqrt{1-x}+3)}{x+8}$$

[在分母上用公式 $a^3+b^3=(a+b)(a^2-ab+b^2)$]

$$=-\lim_{x\to-8}\frac{(\sqrt[3]{x}+2)(\sqrt{1-x}+3)}{(\sqrt[3]{x}+2)(\sqrt[3]{x^2}-2\sqrt[3]{x}+4)}$$

$$=-\lim_{x\to-8}\frac{\sqrt{1-x}+3}{\sqrt[3]{x^2}-2\sqrt[3]{x}+4}$$

$$=-\frac{3+3}{4-(-2)\cdot2+4}=-\frac{1}{2}$$

这种利用平方差公式清除“坏”分子的手法，甚至可以解决一些$\infty-\infty$型的极限问题。

例 2-16)

$$\lim_{x\to\infty}(\sqrt{x^2+ax}-\sqrt{x^2+bx})$$

$$=\lim_{x\to\infty}(\sqrt{x^2+ax}-\sqrt{x^2+bx})\cdot\frac{\sqrt{x^2+ax}+\sqrt{x^2+bx}}{\sqrt{x^2+ax}+\sqrt{x^2+bx}}$$

$$=\lim_{x\to\infty}\frac{(\sqrt{x^2+ax})^2-(\sqrt{x^2+bx})^2}{(\sqrt{x^2+ax})+(\sqrt{x^2+bx})}$$

$$=\lim_{x\to\infty}(a-b)\frac{x}{\sqrt{x^2+ax}+\sqrt{x^2+bx}}=\frac{a-b}{2}$$

至于1^∞型的极限问题，我们隆重推出微积分中的一个重要无理数 e，定义：

$$\mathrm{e}=\lim_{x\to 0}(1+x)^{\frac{1}{x}}$$

这个定义，等价于下列定义：

$$\mathrm{e}=\lim_{n\to\infty}\left(1+\frac{1}{n}\right)^n$$

这个定义式是由瑞士的数学家欧拉（Euler）在 18 世纪给出的。实际应用中，写成 x 或者 n 都无所谓，关键是括号里的是 1 和一个趋于 0 的变量，而指数位置上是那个变量的倒数。只要这个条件满足，e 就出现了。

数学家——欧拉

现在，我们再用两个例题练练手。

例 2-17)

$$\lim_{x\to\infty}\left(1+\frac{2}{x}\right)^{2x}=\lim_{x\to\infty}\left[\left(1+\frac{1}{\frac{x}{2}}\right)^{\frac{x}{2}}\right]^{4}=\left[\lim_{\frac{x}{2}\to\infty}\left(1+\frac{1}{\frac{x}{2}}\right)^{\frac{x}{2}}\right]^{4}=\mathrm{e}^{4}$$

例 2-18)

$$\lim_{x\to 0}(1+2x^{2})^{x^{-2}}=\lim_{x\to 0}\left[(1+2x^{2})^{\frac{1}{2x^{2}}}\right]^{2}=\mathrm{e}^{2}$$

在本章的结尾，我想再一次友情提醒一下你：麻烦你把以下这三个公式收好。

$$\lim_{x\to 0}(1+x)^{\frac{1}{x}}=\mathrm{e}$$

$$\lim_{x\to 0}\frac{\sin x}{x}=1$$

$$\lim_{x\to 0}\frac{1-\cos x}{x}=0$$

理解了极限的基本概念，又掌握了常见极限必杀技，已经完全具备了向微分进军的实力，让我们携手共进！

当然，出发之前，得做点练习巩固一下。

练习二

2-1）根据如下图所示函数 $f(x)$ 的图形，计算下列各值，如果不存在，请陈述理由。

(1) $\lim\limits_{x\to 2^{-}}f(x)$； (2) $\lim\limits_{x\to 2^{+}}f(x)$；

(3) $\lim\limits_{x\to 2}f(x)$； (4) $\lim\limits_{x\to 4}f(x)$；

(5) $f(2)$； (6) $f(4)$。

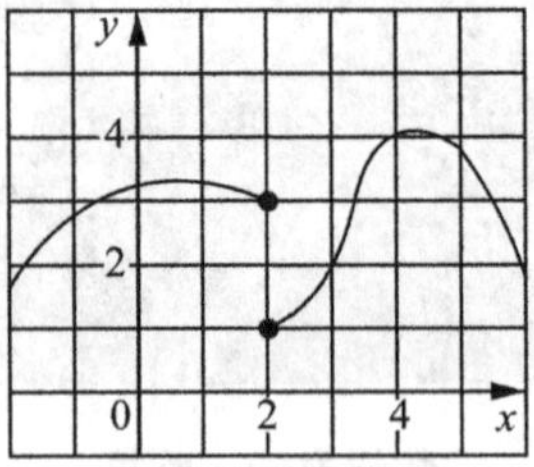

2-2）下图为函数 $f(x)$ 的图形，

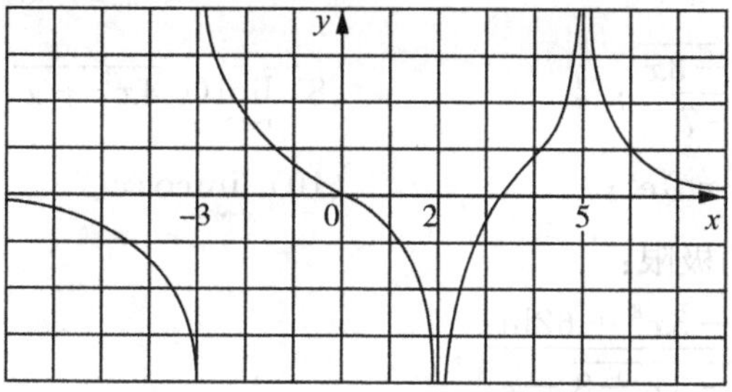

求：

（1）$\lim\limits_{x\to3^-}f(x)$；（2）$\lim\limits_{x\to3^+}f(x)$；（3）$\lim\limits_{x\to2^-}f(x)$；

（4）$\lim\limits_{x\to5}f(x)$；（5）$f(x)$ 的竖直渐近线方程。

2-3）计算下列极限：

（1）$\lim\limits_{x\to5}\dfrac{x^2-6x+5}{x-5}$；（2）$\lim\limits_{x\to4}\dfrac{x^2-4x}{x^2-3x-4}$；

（3）$\lim\limits_{x\to5}\dfrac{x^2-5x+6}{x-5}$；（4）$\lim\limits_{x\to-3}\dfrac{x^2-9}{2x^2-7x+3}$；

（5）$\lim\limits_{t\to0}\dfrac{(t+2)^3-8}{t}$；（6）$\lim\limits_{t\to-2}\dfrac{t+2}{t^3+8}$；

（7）$\lim\limits_{t\to0}\dfrac{\sqrt{t+4}-2}{t}$；（8）$\lim\limits_{t\to2}\dfrac{\sqrt{4t+1}-3}{t-2}$；

（9）$\lim\limits_{x\to-1}\dfrac{x^2+2x+1}{x^4-1}$；（10）$\lim\limits_{t\to0}\dfrac{\sqrt{1+t}-\sqrt{1-t}}{t}$；

（11）$\lim\limits_{t\to0}\left(\dfrac{1}{t}-\dfrac{1}{t^2+t}\right)$；（12）$\lim\limits_{t\to0}\dfrac{(3+t)^{-1}-3^{-1}}{t}$；

（13）$\lim\limits_{t\to0}\left(\dfrac{1}{t\sqrt{1+t}}-\dfrac{1}{t}\right)$；（14）$\lim\limits_{x\to-4}\dfrac{\sqrt{x^2+9}-5}{x+4}$；

（15）$\lim\limits_{h\to0}\dfrac{\dfrac{1}{(x+h)^2}-\dfrac{1}{x^2}}{h}$。

2-4）计算下列极限：

（1）$\lim\limits_{x\to\infty}\dfrac{5x+3}{2x-1}$；（2）$\lim\limits_{x\to\infty}\dfrac{1-x^2}{2x^3-8x^2+6}$；

（3）$\lim\limits_{x\to\infty}\dfrac{3x^3+2x^2-8}{2x^3-5x^2+7}$；（4）$\lim\limits_{x\to\infty}\dfrac{19\sqrt{x}-x^2}{80+7x^2}$；

(5) $\lim\limits_{x\to\infty}\dfrac{89x-x\sqrt{x}}{2x^{3/2}+8}$；

(6) $\lim\limits_{x\to\infty}\dfrac{(3x^2+x-2)^2}{(x+1)^2(x^2+5x+2)}$；

(7) $\lim\limits_{x\to\infty}\dfrac{\sqrt{4x^6-3x}}{x^3+7}$；

(8) $\lim\limits_{x\to\infty}(\sqrt{4x^2+x}-2x)$；

(9) $\lim\limits_{x\to-\infty}(x^2-x^5)\mathrm{e}^x$；

(10) $\lim\limits_{x\to\infty}\cos x$。

2-5）计算下列极限：

(1) $\lim\limits_{x\to\infty}\dfrac{2\cdot 4^x-3x^8+62\ln x}{\sqrt{25^x-3x+8}-x^{11}}$；

(2) $\lim\limits_{x\to\infty}\dfrac{(x^2-2)\ln x}{\sqrt[3]{x^{10}-29x^4+(\ln x)^2}}$。

2-6）计算下列极限：

(1) $\lim\limits_{x\to 0}\dfrac{\tan 3x}{\sin 5x}$；

(2) $\lim\limits_{x\to 0}\dfrac{x^2\sin 3x}{\tan 3x}$；

(3) $\lim\limits_{x\to\infty}\left(1-\dfrac{1}{2x^2-3x+8}\right)^{7x^2+1}$；

(4) $\lim\limits_{x\to\infty}\left(\dfrac{x^3-5}{x^3+2x^2-6}\right)^{x^3-4x}$。

决定大趋势的小趋势——导数

第三章

CHAPTER 3

导数概念是我们应用极限概念最直接的成果。只要你把前两章的内容吃透了,我保证:你在本章不会掉链子。与此同时,强调一句:导数的应用很广,一定要玩好。

3.1 连续函数(Continuous Function)

连续函数,可以说是所有高等数学概念里最友好的概念。中文也很好理解。顾名思义,所谓连续就是不间断。

连续函数的例子也是比比皆是。打个简单的比方,人从出生时的几十厘米,长到成年的一百多厘米,从几十厘米到一百多厘米中间的任何一个数字都不可能跳过去。可以说,人的身高就是年龄的连续函数。

关于连续函数,我们有一个三要素式的定义,非常好记:

连续函数定义:如果函数 $f(x)$ 在点 a 满足:

1) $f(x)$ 在点 a 有极限

2) $f(x)$ 在点 a 有定义

3) $f(x)$ 在点 a 的极限值等于函数值,即:

$$\lim_{x \to a} f(x) = f(a)$$

那么,函数 $f(x)$ 在点 a 连续。

自然地,如果函数 $f(x)$ 在区间 $[a,b]$ 或 (a,b) 内的每一点都连续,我们就称函数 $f(x)$ 在区间 $[a,b]$ 或 (a,b) 上连续。

同单边极限一样,连续函数也有单边连续的概念,假如说一个函数在一个区间 $[a,b]$ 连续,那一定是说该函数在点 a 右连续、在点 b 左连续。

由定义可推知,连续函数的和、差、积、商(分母不能为 0)都是连续函数。

再来一个好消息:我们熟知的各类函数:多项式函数、有理函数、根式函数、三角函数、指数函数、对数函数等,在其定义域内,都连续!

有了连续函数的定义之后,我们就可以用比较严谨的数学语言,来讲一个所谓不间断的道理:

连续函数中值定理:假设函数 $f(x)$ 在 $[a,b]$ 连续,$f(a) \neq f(b)$,令 N 是介于 $f(a)$ 和 $f(b)$ 之间的任一实数,则 (a,b) 上一定存在一个实数 c 使得:

$$f(c) = N$$

上述定理的几何意义非常直观朴素——连续函数的图形没有间断。

有了连续函数中值定理，我们就可以清楚地解释为什么奇数次的高次方程一定有至少一个实数根了。假设：

$$f(x)=a_nx^n+a_{n-1}x^{n-1}+\cdots+a_1x+a_0$$

其中 n 为奇数，我们不妨假设 $a_n>0$，所以：

$$\lim_{x\to\infty}f(x)=\infty\ ,\ \lim_{x\to-\infty}f(x)=-\infty$$

因此，依据中值定理，一定存在一个实数 c 使得：$f(c)=0$。

显然，c 就是方程 $f(x)=0$ 的实数根。

那么，非连续函数的图形特点呢？

非连续函数肯定是不满足连续函数三要素中至少一点。只要是第一点不满足，即函数在某点不存在极限，那么函数在这一点附近的图形一定是有一个大的、非常直观的断裂。请看下图中函数 $y=\cot x$ 的图形，由图可见，函数在 $y=k\pi$ 处有一个明显的断裂，事实上直线 $y=k\pi$ 就是该函数的渐近线。

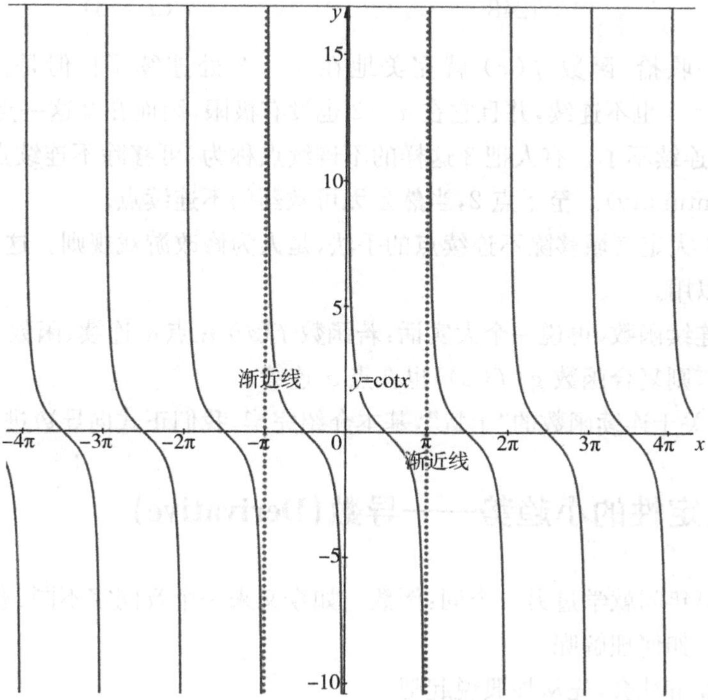

但是，在函数满足连续函数三要素中的第一条时，如果仅仅由于第二条不满足（自然，第三条也不满足）而导致函数不连续的话，也就是说函数在某点有极限、没定义，那么，函数在这一点附近的图形是一个直观的“小洞洞”。这样的不

连续函数，如果把函数的定义域扩大到这一点，并且就把函数值定义为极限值，如此，这个本不连续的函数，就连续了。

例 3-1) 看一下这个我们前面碰到过的函数

$$f(x)=\frac{(x-3)(3x^4+5)}{x^2-5x+6}$$

我们知道，该函数在 $x=3$ 这一点是没有定义的。但是这个函数在 $x=3$ 是有极限的：

$$\lim_{x\to 3}f(x)=\lim_{x\to 3}\frac{(x-3)(3x^4+5)}{(x-3)(x-2)}=\lim_{x\to 3}\frac{3x^4+5}{x-2}=\frac{3\cdot 3^4+5}{3-2}=248$$

所以，虽然函数 $f(x)$ 在 $x=3$ 不连续，但是我们可以动个"小手术"，使得 $f(x)$ 在该点连续。例如，可以如此定义函数：

$$f(x)=\begin{cases} f(x)=\dfrac{(x-3)(3x^4+5)}{x^2-5x+6} & (x\neq 3) \\ 248 & (x=3) \end{cases}$$

这么一收拾，函数 $f(x)$ 就完美地在 $x=3$ 处连续了！但是，我们知道 $f(x)$ 在 $x=2$ 也不连续，并且它在 $x=2$ 也没有极限，因而在 2 这一点做再多的"美容"，也连续不了。有人把 3 这样的不连续点称为：可移除不连续点(Removable Discontinuity)。至于点 2，当然是无可救药的不连续点。

此种扩大定义域移除不连续点的手法，是人为修改游戏规则。这种招式，在数学上可以用。

关于连续函数，再说一个大实话：若函数 $f(x)$ 在点 a 连续、函数 $g(x)$ 在点 $f(a)$ 连续，则复合函数 $g(f(x))$ 也在点 a 连续。

至此，关于连续函数的"干货"，基本介绍完毕，我们正式向导数进军！

3.2 决定性的小趋势——导数(Derivative)

我们早年间就学过另一个词：倒数。如今又来一个音同字不同、意义更不同的"导数"。如何理解呢？

身处经济社会，先从炒股说起吧。

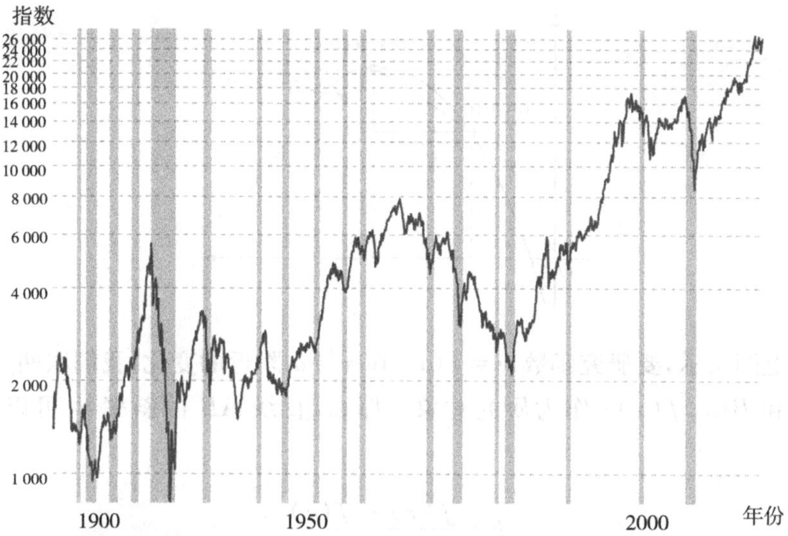

上图是美国道琼斯指数 100 多年来的走势图。由图可见，道琼斯指数在过去的 100 多年里，从不到 1 000 点，一直涨到 26 000 点附近，大趋势是涨、涨、涨！但是，要是谁炒股票完全按照这个大趋势炒，恐怕炒到倾家荡产是大概率事件。因而，炒股不是看百年大趋势，得看短时间段的小趋势。因为大趋势是由众多的小趋势构成的！

正如，我们都相信上证综合指数会从现在的 3 000 点上下，涨到 8 000 点。但是它是一天涨个 3、5 点、花若干年时间慢慢涨到 8 000 点，还是先到 2 500 点左右溜达一下、然后坐上牛车赶到 4 200 点、然后再滑到 3 500 点、然后再坐火箭一直上到 8 000 点，还是以其他方式进军到 8 000 点，才是股民们关心的。换句话说，股民关心的不是 3 200 点到 8 000 点的大趋势，而是当前是上涨还是下跌的小趋势。

对于函数 $y=f(x)$ 来说，它在任意一点 x 附近变化的小趋势至关重要！

我们说过，微积分研究的是各种曲线，但是所用的方法呢，是把一条长长的曲线分成足够短小的一段一段的微曲线，然后对每一段曲线，采用对付直线的策略各个击破。

那么，对一小段直线来说，最重要的是什么呢？仍然是它的变化趋势。我们知道，决定直线变化趋势的就是它的斜率。斜率为正，表示直线函数为增函数，反之则为减函数。

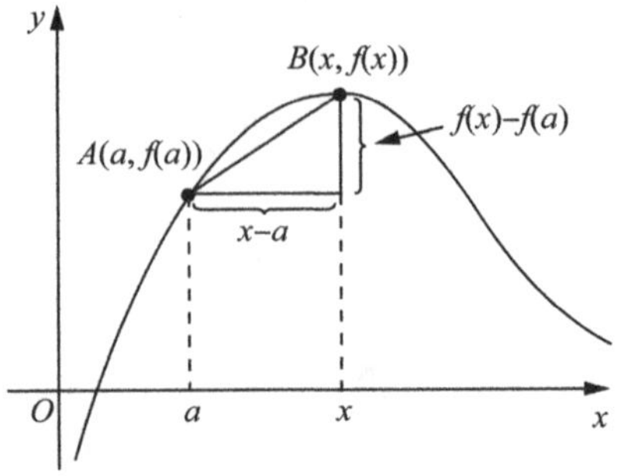

如上图所示，要研究函数 $y=f(x)$ 在 $x=a$ 附近的变化，我们取两点 $A(a, f(a))$ 和 $B(x,f(x))$ 作为研究对象。那么，直线 AB 的斜率 k，可以由下式求出：

$$k=\frac{f(x)-f(a)}{x-a}$$

我们知道，直线 AB 是曲线 $y=f(x)$ 的一条割线(Secant)。如果我们简单地把 AB 当成曲线 $f(x)$ 来对待，肯定有很大的误差。但是，这种误差一定会随着点 B 与点 A 间距离的缩小而缩小的。

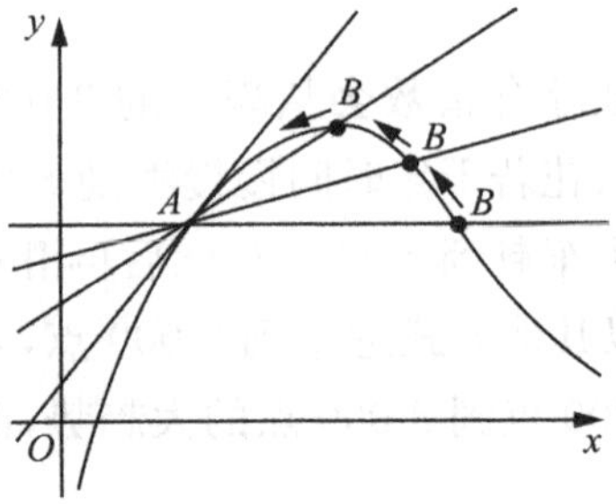

如果我们用极限的眼光，让 B 点沿着曲线 $y=f(x)$ 向 A 点靠拢、靠拢、再靠拢，直至无限靠拢。在终极情况下，这条割线，就进化为 $y=f(x)$ 在点 $x=a$ 处的切线，其斜率 k，自然就变为：

$$k=\lim_{x\to a}\frac{f(x)-f(a)}{x-a}$$

不难发现，上述公式等价于：

$$k=\lim_{h\to 0}\frac{f(a+h)-f(a)}{h}$$

辛辛苦苦走到这儿，我们总算是把导数的概念引出来了：

导数定义

如果与函数 $y=f(x)$ 相关的极限：

$$k=\lim_{h\to 0}\frac{f(a+h)-f(a)}{h}$$

存在，则我们称函数 $y=f(x)$ 在点 $x=a$ 处可导，并且称这个极限为函数 $y=f(x)$ 在点 a 的导数。该导数可记为 $f'(a)$ 或者 y'_a。

即：$f'(a)=\lim_{h\to 0}\frac{f(a+h)-f(a)}{h}$

有概念了，赶紧做个例题找找感觉。

例 3-2) 求函数 $y=x^2$ 在 $x=2$ 处的导数。

解：依据定义我们有：

$$f'(2)=\lim_{h\to 0}\frac{f(2+h)-f(2)}{h}=\lim_{h\to 0}\frac{(2+h)^2-2^2}{h}=\lim_{h\to 0}(4+h)=4$$

那么，如何理解导数这个重要的概念呢？

首先，导数是斜率(Slope)。从概念的引入过程，我们就知道函数在某一点的导数，就等于函数在那一点的切线的斜率。久而久之，人们也经常称导数为函数本身的斜率。

其次，导数是瞬时变化率(Instantaneous Rate of Change)。要清晰地理解这一点，我们得查查导数的起源，由前文我们知道它是从曲线的割线 AB 向切线转变的过程中其斜率 k 演变得来的，最初：

$$k=\frac{f(x)-f(a)}{x-a}$$

实际上，上面的式子中，分母是区间 $[a,x]$ 的长度，而分子则是函数 $f(x)$ 在这个区间的变化量，作为函数变化和区间长度的比值，k 当然就是函数 $f(x)$ 在区间 $[a,x]$ 的平均变化率。

随着区间长度 $x-a$ 的不断收窄，割线 AB 越来越接近函数在 a 点的切线位置，达到极限的时候，也就是 $(x-a)\to 0$ 的时候，斜率 k 也就从区间的平均变化率自然演变为函数在 a 点的瞬时变化率。准确地说，导数 $f'(a)$ 是函数 $f(x)$ 在点 a，相对于自变量 x 的瞬时变化率。

把导数理解为瞬时变化率，有很强的应用性。如果函数 $f(x)$ 代表的是运动物体路程和时间的函数关系，那么平均变化率就是平均速度，导数就是瞬时速度。也就是说，路程的导数是速度。自然地，速度的导数就是加速度。

当然，如果函数 $f(x)$ 代表的是一个国家随时间而变的人口数量，那么变化率就是人口的增长率。

实际上，当年正是对解决瞬时速度等实际问题的需求，催生了导数这个有力的工具。

最后，导数值的正负，决定着函数在 a 点附近增或减的小趋势！是最现实的小趋势。

如果 $f'(a)>0$，意味着函数 $f(x)$ 在 a 点附近是增函数。或者说，函数在 a 点的小趋势是积极向上的。

反之，如果 $f'(a)<0$，则 $f(x)$ 在 a 点附近一定是减函数，其小趋势也是奔着下跌的方向发展的。

导数，也可以理解为函数对自变量变化的敏感程度。敏感程度高，曲线自然就陡峭；反之，曲线就平缓。

概括起来，导数就是指"导"曲线走向的先导数值。

关于导数的三点认识，如果你能牢牢记住，对你大有裨益！

导数的概念源自 17 世纪的欧洲，大咖牛顿、莱布尼茨、费马(Fermat)都做了很多工作。其英文名称 Derivative，有派生、导出的意思。但真要从根上细究起来，从导数对函数图形走向的引导作用出发，"导"字，虽有导出的意思，但更多的应该是指导、先导、引导的意思，相应的英文 Leading 更好一点。还是中文伟大，一个"导"字把几层意思都含进来了。当然更是因为李善兰先生的高明，才使得一个"导"发挥了这么大的作用。当真是"一字千金"啊！

数学家、翻译家——李善兰

函数在一个点的导数的概念明白之后，导函数的概念也就水到渠成了。

假如，函数 $f(x)$ 在某区间内的任意一点都有导数，那么它在每一点的导数也一定是自变量 x 的函数。这个函数，就是函数的导函数 $f'(x)$。

关于导数的写法，除了简便的加上一撇的写法 y' 之外，通常都采用莱布尼茨的用法：$\frac{\mathrm{d}y}{\mathrm{d}x}$，也就是说：

$$\frac{\mathrm{d}y}{\mathrm{d}x}=f'(x)=y'_x=\lim_{h\to 0}\frac{f(x+h)-f(x)}{h}$$

这里，出现了两个新朋友 $\mathrm{d}y$ 和 $\mathrm{d}x$。我们来认识一下。

咱们学习的微积分，实际上分为微分和积分两部分。微分的英文是 Differentiation。数学研究者们于是用它的首字母 d 来表示微分。而通常表示函数 y 和自变量 x 的微分的分别是 $\mathrm{d}y$ 和 $\mathrm{d}x$。上式中，导数是用两个微分的商来表示的，所以在早些年，也有人把导数称为微商。

那么，啥是微分？

简要地说，自变量 x 的微分 $\mathrm{d}x$，就是 x 的一个细微的增量。请留心：相应的函数 y 的微分 $\mathrm{d}y$ 可不是对应于 $\mathrm{d}x$ 的 y 的增量，它是 x 点的切线对应于 $\mathrm{d}x$ 的增量 $y'_x\mathrm{d}x$ 。

由于我们关心的是函数 $y=f(x)$ 在区间上的各种变化，于是，我们按照前辈们的办法，把区间 $[a,b]$ 分为近乎无穷多的细微宽度 $\mathrm{d}x$。我们来走近一点详细看看这个放大的局部图：

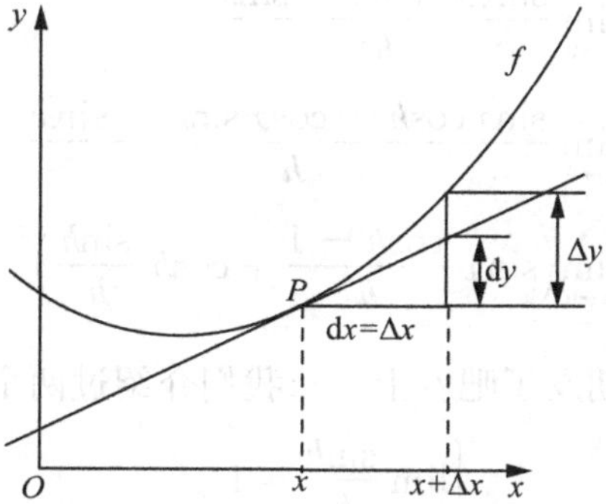

如图所示，对于区间中的任意一个点 $P(x,f(x))$，都有一个增量 $\mathrm{d}x$，而从 P 点作的函数的切线对应于增量 $\mathrm{d}x$ 的增量就是 $\mathrm{d}y$。我们说过，$\mathrm{d}y$ 和函数对应于 $\mathrm{d}x$ 的增量 Δy 不是一回事。只不过，$\mathrm{d}x$ 越小，其差别就越小。如果 $\mathrm{d}x\to 0$，则 $\Delta y\to \mathrm{d}y$ 。

也就是说：导数描述了一个函数在某一点上的<u>瞬时变化率</u>，而微分则是自变量微小变化导致函数本身变化量的<u>近似变化量</u>。

由上图可知：$\mathrm{d}y=y'_x\mathrm{d}x$ 。因此微分的过程，就是求导的过程。如果一个函数在某一区间内的每一点都存在导数，我们则说该函数在这一区间可微分

(Differentiable)。

如果函数 $f(x)$ 的导函数 $f'(x)$ 也是可导函数，我们就可以对导函数再求导数。如此得到的导函数的导函数，也是自变量 x 的函数，被称作二阶导数。记作：$f''(x)$ 或者 y''_x 或者 $\dfrac{\mathrm{d}\left(\dfrac{\mathrm{d}y}{\mathrm{d}x}\right)}{\mathrm{d}x}$ 或者 $\dfrac{\mathrm{d}^2 y}{\mathrm{d}x^2}$。

上述四种表达方法，没有优劣之分，排名不分先后，想用哪个用哪个，哪个顺眼用哪个。

例 3-3) 求函数 $y=x^2$ 的导函数。

解：从导数的定义出发，我们有：

$$f'(x)=\lim_{h\to 0}\frac{f(x+h)-f(x)}{h}=\lim_{h\to 0}\frac{(x+h)^2-x^2}{h}=\lim_{h\to 0}(2x+h)=2x$$

把 $x=2$，代入上式，也可以得到例 3-2)同样的结果：

$$f'(2)=4$$

例 3-4) 求函数 $f(x)=\sin x$ 的导函数。

解：直接用定义式来求：

$$\begin{aligned}(\sin x)'&=\lim_{h\to 0}\frac{\sin(x+h)-\sin x}{h}\\&=\lim_{h\to 0}\frac{\sin x\cos h+\cos x\sin h-\sin x}{h}\\&=\lim_{h\to 0}\left(\sin x\,\frac{\cos h-1}{h}+\cos h\,\frac{\sin h}{h}\right)\end{aligned}$$

走到这儿，看到老朋友了吧？上一章我们介绍过两个著名的极限：

$$\begin{cases}\lim\limits_{h\to 0}\dfrac{\sin h}{h}=1\\[2ex]\lim\limits_{h\to 0}\dfrac{1-\cos h}{h}=0\end{cases}$$

把上面这个成果运用一下，立刻得到：

$$(\sin x)'=\cos x$$

例 3-5) 求例 3-3)中的函数 $f(x)=x^2$ 的二阶导数。

解：由例 3-3)，我们知道，$f'(x)=2x$，因而，依据定义，我们有：$f''(x)=\dfrac{\mathrm{d}(f'(x))}{\mathrm{d}x}$

$$=\lim_{h\to 0}\frac{f'(x+h)-f'(x)}{h}=\lim_{h\to 0}\frac{2(x+h)-2x}{h}=2$$

有了扎实的导数和二阶导数的概念，更高阶的导数自然也不在话下。通常来讲，更高阶的 n 阶导数的表达方式有两种等价的表示方式，即：

$$f^{(n)}(x)=\frac{\mathrm{d}^n y}{\mathrm{d}x^n}$$

提醒一下：上式左边 n 阶导数的表达式中，数字 n 是在括号内的，例如，f 的 7 阶导数是 $f^{(7)}(x)$ 而不是 $f^7(x)$。

3.3 导数与连续

本章先花时间讲了连续，又大篇幅介绍了导数这个主角。于是，我们会很自然地问：连续函数和可导函数是一回事儿吗？

我们专门引入一个小节来说，就是为了提醒你：连续函数，尽管在大多数情况下是可导函数；但是，函数连续是不能保证函数可导的。但是，反过来是成立的，那就是：可导函数一定连续。

可导函数的连续性，可以从定义直接推出。函数 $f(x)$ 在 a 点的定义式为：

$$f'(a)=\lim_{h\to 0}\frac{f(a+h)-f(a)}{h}$$

首先，从上式中，我们知道，$f(a)$存在。其次，由于两个变量的比的极限存在，而这个变量的分母是趋于 0 的，所以它的分子也必须趋于 0，也就是：

$$\lim_{h\to 0}f(a+h)=f(a)$$

至此，连续函数的三要素——有定义、有极限、函数值等于极限值全部满足。所以：可导函数一定连续。

你一定很想知道，连续的，不可导的函数长啥样？不着急，先给你一个例子：

$$y=|x|$$

这个函数在原点是连续的，但是不可导。其图形如下：

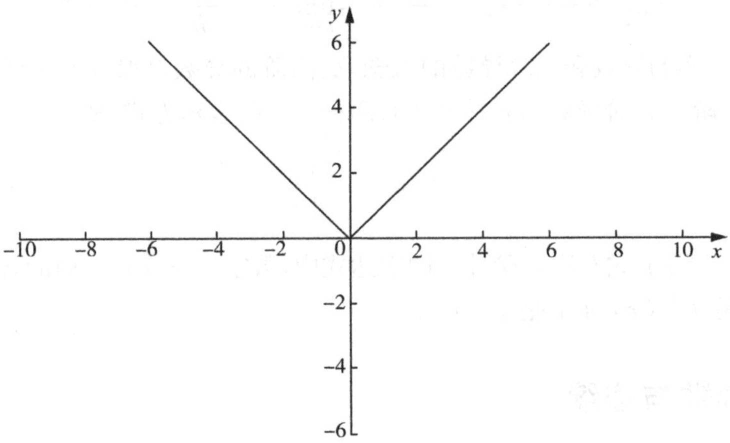

连续函数在这种有尖角(Cusp)的情形不可导,在有竖直切线(Vertical Tangent Line)的地方也不可导,如下图所示。

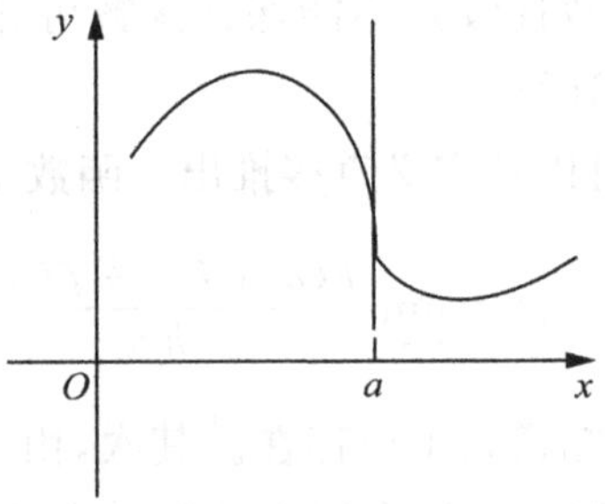

为什么这么点事,还要单讲一节呢。

一是因为这一点很细微,很容易出想当然的错。

二是因为,越是容易出错的地方,考频越高。当心啊!

3.4 导数的运算法则

入境问禁、入乡随俗,我们来看一下导数的运算规则吧:

1) $[cf(x)]'=cf'(x)$, c 为常数;

2) $[f(x)\pm g(x)]'=f'(x)\pm g'(x)$。

以上两式,都可以简单地从导数的定义出发,直接导出。当然,规则 2)成立的前提是 f 和 g 的导数都存在。

那么两个可导函数的积和商的导数呢？要推导它们，还是离不开定义。

所以说，玩数学，最重要的是对定义和公理这些不需要推导的东西的理解。因为，这些不需要推导的东西才是数学的本源和基础。其他东西都是由此而来。

甭管什么事儿，要是一时半会儿看不清，往根儿上探究探究，可能就能找到答案。

好，我们接着推导两个函数的积和商的导数，先来看看乘积的情形。依据定义：

$$[f(x)g(x)]'=\lim_{h\to 0}\frac{f(x+h)g(x+h)-f(x)g(x)}{h}$$

按照数学的常用手法，对这个等式右边的分子做个"小动作"：

$$\text{原式}=\lim_{h\to 0}\frac{f(x+h)g(x+h)-f(x)g(x+h)+f(x)g(x+h)-f(x)g(x)}{h}$$

$$=\lim_{h\to 0}\left[\frac{f(x+h)-f(x)}{h}g(x+h)+f(x)\frac{g(x+h)-g(x)}{h}\right]$$

$$=f'(x)g(x)+f(x)g'(x)$$

也就是：

3) $[f(x)g(x)]'=f'(x)g(x)+f(x)g'(x)$

这一会儿，干了不少活了。休息一下，看看窗外的美景，喝一杯茶。我们再推导可导函数商的导数。当然，仍然从定义出发：

$$\left[\frac{f(x)}{g(x)}\right]'=\lim_{h\to 0}\left[\frac{\frac{f(x+h)}{g(x+h)}-\frac{f(x)}{g(x)}}{h}\right]$$

$$=\lim_{h\to 0}\frac{f(x+h)g(x)-f(x)g(x+h)}{hg(x+h)g(x)}$$

$$=\lim_{h\to 0}\frac{f(x+h)g(x)-f(x)g(x)+f(x)g(x)-f(x)g(x+h)}{hg(x+h)g(x)}$$

$$=\lim_{h\to 0}\frac{1}{g(x+h)g(x)}\left[\frac{f(x+h)-f(x)}{h}\cdot g(x)-f(x)\cdot\frac{g(x+h)-g(x)}{h}\right]$$

$$=\frac{f'(x)g(x)-f(x)g'(x)}{[g(x)]^2}$$

于是我们就得到：

4) $\left[\frac{f(x)}{g(x)}\right]'=\frac{f'(x)g(x)-f(x)g'(x)}{[g(x)]^2}$

以上，我们完全从导数的基本概念出发，导出了各种函数组合的导数的运算法则。

同样，我们仍然可以从导数的基本概念出发，导出一些常见函数的导函数。

例 3-6） 求函数 $y=f(x)=\ln|x|$ 的导函数。

解：乍一看，这个函数有一个大家都不喜欢的绝对值符号，挺难对付。但是真要来求一下导数，就会发现，也不是那么难！

来，从定义走起：

$$y'=(\ln|x|)'=\lim_{h\to 0}\frac{\ln|x+h|-\ln|x|}{h}$$
$$=\lim_{h\to 0}\left[\frac{1}{h}\ln\left|\frac{x+h}{x}\right|\right]=\lim_{h\to 0}\left[\frac{1}{h}\ln\left|1+\frac{h}{x}\right|\right]$$

走到这儿，有两件事要提醒。一是当 $h\to 0$ 时，我们一定有：$\left(1+\frac{h}{x}\right)>0$；二是，我们要用到已经学过的无理数 e 的定义式：

$$\lim_{x\to 0}(1+x)^{\frac{1}{x}}=\mathrm{e}$$

请仔细看一下如何“把握火候”：

$$(\ln|x|)'=\lim_{h\to 0}\left[\frac{1}{h}\ln\left|1+\frac{h}{x}\right|\right]$$
$$=\lim_{h\to 0}\left\{\frac{1}{h}\ln\left[\left(1+\frac{h}{x}\right)^{\frac{x}{h}}\right]^{\frac{h}{x}}\right\}=\lim_{h\to 0}\left[\frac{1}{h}\cdot\frac{h}{x}\ln\left(1+\frac{h}{x}\right)^{\frac{x}{h}}\right]$$
$$=\frac{1}{x}\lim_{h\to 0}\ln\left[\left(1+\frac{h}{x}\right)^{\frac{x}{h}}\right]=\frac{1}{x}\ln\mathrm{e}=\frac{1}{x}$$

画个小重点：我们在整个求导过程中，并没有关注过 x 的正负问题，所以今后你看到下面的哥俩，不要感到奇怪。

$$(\ln x)'=\frac{1}{x}$$
$$[\ln(-x)]'=\frac{1}{x}$$

因为这两个函数的定义域不一样，$\ln x$ 函数的图形，在坐标系的右半部分；$\ln(-x)$ 函数的图形在坐标系的左半部分。

看一下下面的图形找找感觉：

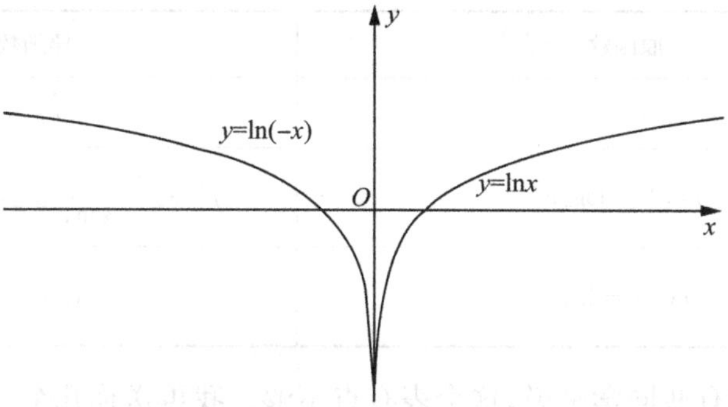

边学边玩的过程中，我们当然想多玩一点。但是，如果每一次求导，都得从定义出发，费力地去求极限，不光你不爱玩，我也第一个反对。

所以，除非出题的人执意要考这个过程。我们只需要记住常见函数导数的公式就行了。今后碰到求导问题的时候，把这些公式拿来用，用不着跟谁打招呼。

正好比我们现如今需要点火的时候，不需要钻木取火，而直接用打火机或者火柴。当然，前提是你手边得有打火机或者火柴。

同样，要用公式，首先你得记住。

常见函数的导函数，都在下面这张表里了。

友情提醒：这些公式，你虽不需要知道推导过程。但要是想在微积分考试中得个高点的分数，一定得牢牢记住。

原函数	导函数
$f(x)=c$（c 为常数）	$f'(x)=0$
$f(x)=x^a$（a 为实数）	$f'(x)=ax^{a-1}$
$f(x)=\sin x$	$f'(x)=\cos x$
$f(x)=\cos x$	$f'(x)=-\sin x$
$f(x)=\tan x$	$f'(x)=\sec^2 x$
$f(x)=\cot x$	$f'(x)=-\csc^2 x$
$f(x)=\sec x$	$f'(x)=\sec x\cdot\tan x$
$f(x)=\csc x$	$f'(x)=-\csc x\cdot\cot x$
$f(x)=a^x$	$f'(x)=a^x\ln a\,(a>0)$

续表

原函数	导函数
$f(x)=e^x$	$f'(x)=e^x$
$f(x)=\log_a x$	$f'(x)=\frac{1}{x\ln a}(a>0,且\ a\neq 1)$
$f(x)=\ln x$	$f'(x)=\frac{1}{x}$

我知道,对有些同学来说,这个表有点不够。我再送你几个三角函数的反函数的导数公式,以备不时之需。

$$\frac{d(\sin^{-1}x)}{dx}=\frac{1}{\sqrt{1-x^2}}$$

$$\frac{d(\cos^{-1}x)}{dx}=-\frac{1}{\sqrt{1-x^2}}$$

$$\frac{d(\tan^{-1}x)}{dx}=\frac{1}{1+x^2}$$

$$\frac{d(\cot^{-1}x)}{dx}=-\frac{1}{1+x^2}$$

发现没有?三角函数反函数的导数还是比较好记的,一正一负地成对儿。为啥?咱们举例说明一下。例如,当 $x>0$ 时,我们总有:

$$\sin^{-1}x+\cos^{-1}x=\frac{\pi}{2}$$

对上式左右求导,就得出:

$$(\sin^{-1}x)'+(\cos^{-1}x)'=\left(\frac{\pi}{2}\right)'=0$$

这就是反函数的导数成对出现的原因!

来几个例题,加深一下对导数的印象,顺便增强一下做题信心。

例 3-7) $y=\sqrt{x^3}+3\cdot 2^x-6\sin x$,求 $\frac{dy}{dx}$ 。

解:这道题目简单,直接用表中的公式来逐项收拾即可。

$$\frac{dy}{dx}=\frac{3}{2}x^{\frac{3}{2}-1}+3\cdot 2^x\ln 2-6\cos x=\frac{3}{2}\sqrt{x}+3\cdot 2^x\ln 2-6\cos x$$

例 3-8) 已知:$f(x)=e^x\cos x+2$,求 $f'(x)$ 。

解：由导数运算规则及常用导数直接可得：

$$f'(x)=(e^x)'\cos x+e^x(\cos x)'+0=e^x\cos x-e^x\sin x$$

例 3-9） 已知：$f(x)=\dfrac{e^x\tan x}{x^2+2x-1}$，求 $f'(x)$。

解：本题用中规中矩的套路即可。

$$\begin{aligned}f'(x)&=\frac{(e^x\tan x)'(x^2+2x-1)-e^x\tan x(x^2+2x-1)'}{(x^2+2x-1)^2}\\&=\frac{(e^x\tan x+e^x\sec^2 x)(x^2+2x-1)-e^x\tan x(2x+2)}{(x^2+2x-1)^2}\\&=\frac{(x^2+2x-1)\sec^2 x-(2x+1)\tan x}{(x^2+2x-1)^2}e^x\end{aligned}$$

例 3-10） $f(x)=2x^3+\dfrac{1}{\sqrt{x}}-\sec x$，求 $f'(x)$。

解：本题简单，答案可以直接写出：

$$\begin{aligned}f'(x)&=2\cdot 3x^{3-1}+\left(-\frac{1}{2}\right)x^{-\frac{1}{2}-1}-\sec x\tan x\\&=6x^2-\frac{1}{2\sqrt{x^3}}-\sec x\tan x\end{aligned}$$

3.5 求导中的三种疑难杂症

尽管我们已经掌握了导数的基本概念以及运算的基本规则，但是距离独立行走于导数的江湖，还差点火候。求导中有三种疑难杂症：

1）复合函数 $y=f(g(x))=(f\circ g)(x)$ 型

2）隐函数 $f(x,y)=0$ 型

3）底和幂双函数 $y=[f(x)]^{g(x)}$ 型

我们各个击破！先解决最常见的。

3.5.1 复合函数 $y=f(g(x))=(f\circ g)(x)$ 型问题

我们先来考察一下这个函数：$y=\sqrt{2x^2+1}$，

如果令 $g=2x^2+1$，我们就有：$y=\sqrt{g}$。

y 对 g 求导数和 g 对 x 求导数，我们都有办法。但是，y 怎么对 x 求导呢？当然，我们可以从导数的定义出发，求出 f 对 x 的导数。但是，每次碰到复合函数都这样求导，太麻烦了！

我们先试用最朴素的联想来考虑一下复合函数的求导问题。既然我们说，复合函数是有中转的函数，自然要问：导数存在中转的现象吗？

回到导数的基本点，我们知道导数是瞬时变化率，假设函数 $y=f(g(x))$ 中，f 相对于 g 的变化率是 3 倍，g 相对于 x 的相对变化率是 2 倍，就算在大街上让人去猜，恐怕也有不少人会猜到 f 相对于 x 的变化率是 6 倍吧！事实上，这个猜想是靠谱的。隆重推出：

链式法则(The Chain Rule)：如果函数 f 在 $g(x)$ 可导、函数 g 在 x 可导，则函数 $y=F(x)=f[g(x)]$ 在 x 可导，并且：

$$y'_x=F'(x)=f'[g(x)]g'(x)=f'_g\cdot g'_x$$

以上就是大名鼎鼎的链式法则。关于这个法则，有一个简明但不太严谨的证明，可以帮助我们更好地记忆这个公式。证明如下：

$$\begin{aligned}\frac{\mathrm{d}y}{\mathrm{d}x}&=\lim_{\Delta x\to 0}\frac{\Delta y}{\Delta x}=\lim_{\Delta x\to 0}\frac{\Delta y}{\Delta g}\cdot\frac{\Delta g}{\Delta x}\\&=\lim_{\Delta g\to 0}\frac{\Delta y}{\Delta g}\cdot\lim_{\Delta x\to 0}\frac{\Delta g}{\Delta x}=\frac{\mathrm{d}y}{\mathrm{d}g}\cdot\frac{\mathrm{d}g}{\mathrm{d}x}\end{aligned}$$

之所以说证明有点不严谨，是因为我们凭空加上的 Δg，如果等于 0 的话，上面的证明就没有意义了。

所以只能说，上面的证明是一种示意图。想看严谨的证明，随便找一本数学分析教科书，准有。但是，对绝大多数学生而言，会用足矣！

链式法则在手，可以收拾一下以前不好对付的"家伙"了！

例 3-11) $y=\sqrt{2x^2+1}$，求函数 f 对 x 的导数 $f'(x)$。

解：设 $g(x)=2x^2+1$，则 $y=\sqrt{g}$

所以，按照链式法则，我们有：

$$f'(x)=y'_g\cdot g'_x=\frac{1}{2\sqrt{g}}\cdot(2x^2+1)'=\frac{2x}{\sqrt{2x^2+1}}$$

例 3-12) 已知 $f(x)=2\sin^3 x$，求导数 $f'(x)$。

解：$f'(x)=\dfrac{\mathrm{d}(2\sin^3 x)}{\mathrm{d}(\sin x)}\cdot\dfrac{\mathrm{d}(\sin x)}{\mathrm{d}x}=2\cdot 3\sin^{3-1}x\cdot\cos x=6\sin^2 x\cos x$

例 3-13) 令 $y=f(x)=\mathrm{e}^{-x^2}$，求导数 $f'(x)$。

解：$f'(x)=\dfrac{\mathrm{d}y}{\mathrm{d}x}=\dfrac{\mathrm{d}(\mathrm{e}^{-x^2})}{\mathrm{d}(-x^2)}\cdot\dfrac{\mathrm{d}(-x^2)}{\mathrm{d}x}=\mathrm{e}^{-x^2}(-2x)=-2x\mathrm{e}^{-x^2}$

现在对中转函数(复合函数)的求导,有点体会了吧？这个链式法则,非常有用。利用它解决反函数的导数问题,也是分分钟的事儿。

先说结论:假设 $f(x)$ 在其某一定义域内有反函数 $f^{-1}(x)$,则必然有:

$$f'(x)=\frac{1}{\{f^{-1}[f(x)]\}'}$$

也就是说,函数的导数和反函数对应点的导数互为倒数。够绕的!

好,我们先证明一下,然后再举个例子聊聊这事儿。

首先我们假设函数 $y=f(x)$ 的反函数为 $x=F(y)$,依据定义我们有:

$$x=F(y)=F[f(x)]$$

对这个式子的左右都对 x 求导:

$$1=F'[f(x)]\cdot f'(x)$$

稍微一整理,就得到我们想要的:

$$f'(x)=\frac{1}{F'[f(x)]}=\frac{1}{F'(y)}$$

我们现在利用这个成果来计算一下 $y=f(x)=\arcsin x$ 的导数。

显然:$f(x)=\arcsin x\Rightarrow\begin{cases}f^{-1}(y)=\sin y\\ [f^{-1}(y)]'=\cos y\end{cases}$

把这些结果代入上面的公式,就得到:

$$(\arcsin x)'=\frac{1}{\cos(\arcsin x)}=\frac{1}{\sqrt{1-x^2}}$$

解决完复合函数的困扰,接着再来看一下隐函数的导数。

3.5.2 隐函数 $f(x,y)=0$ 型问题

迄今为止,我们处理的问题,大多是函数和自变量齐刷刷地分列等式两端,隔着等号相望,也就是 $y=f(x)$ 形式的。显然,这是一种理想化的形式,实际应用中有太多的问题是 x 和 y 相互“缠绕”,写不成一个显性等式的。标准形式就是:$f(x,y)=0$。例如:

$$x^2+3xy-x+y^3=0$$

感谢各位前辈的辛勤劳动!他们传承下来了解决这类问题的一套标准动

作。我们借着解决这个问题，把这套动作诠释如下：

①首先，等式两边对 x 求导：

$$\frac{\mathrm{d}(x^2+3xy-x+y^3)}{\mathrm{d}x}=0$$

②然后，利用我们已经掌握的各种技法，对左边整理一下：

$$\frac{\mathrm{d}(x^2)}{\mathrm{d}x}+3\left(\frac{\mathrm{d}x}{\mathrm{d}x}\cdot y+x\frac{\mathrm{d}y}{\mathrm{d}x}\right)-\frac{\mathrm{d}x}{\mathrm{d}x}+\frac{\mathrm{d}(y^3)}{\mathrm{d}y}\cdot\frac{\mathrm{d}y}{\mathrm{d}x}=0$$

继续整理：$2x+3y+3x\dfrac{\mathrm{d}y}{\mathrm{d}x}-1+3y^2\dfrac{\mathrm{d}y}{\mathrm{d}x}=0$

③最后，用初中的知识，把上面这个式子中的 $\dfrac{\mathrm{d}y}{\mathrm{d}x}$ 当成未知数解出来就完事了！

$$\frac{\mathrm{d}y}{\mathrm{d}x}=\frac{1-2x-3y}{3x+3y^2}$$

这个新求出来的导数和以前见过的导数长得不太一样，等式右边既有自变量，也有函数本身。见到以前没见过的事物，就是长见识。这样的事情经历多了，我们就成熟了。

再做个例题，熟悉一下手法。

例 3-14) 求曲线：$\sin(x+y)=3x-3y$ 在点(π,π)的切线方程。

解：让咱求过一点的直线方程，关键就是求出直线的斜率 $\dfrac{\mathrm{d}y}{\mathrm{d}x}$ 。按隐函数求导方法，我们有：

$$[\sin(x+y)]'=[3(x-y)]'$$

即：$\cos(x+y)(1+y')=3-3y'$

由上式解得：$y'=\dfrac{3-\cos(x+y)}{3+\cos(x+y)}$

把点(π,π)的坐标代入，得到 $y'_{\pi}=\dfrac{1}{2}$，所以要求的直线方程是：

$$y-\pi=\frac{1}{2}(x-\pi)$$

亦即：$y=\dfrac{1}{2}x+\dfrac{\pi}{2}$

本题涉及的函数和所求的切线的图形如下图所示：

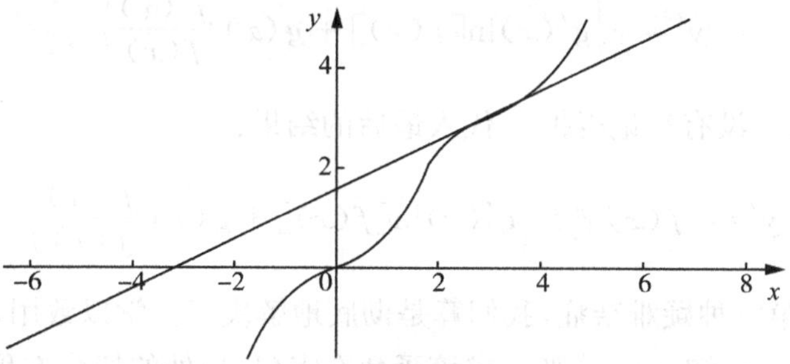

至此，我们已经强大到可以对付两种疑难杂症了。那就顺便再把极坐标情况下的斜率问题解决了吧。

先温馨提醒一下，不管走到哪个坐标系，函数曲线的斜率永远都是其切线的倾斜程度 $\frac{\mathrm{d}y}{\mathrm{d}x}$ 。

好，我们再回忆一下平面坐标和极坐标的那点事儿：

$$\begin{cases} r = r(\theta) \\ x = r\cos\theta \\ y = r\sin\theta \end{cases}$$

所以，曲线 $r=r(\theta)$ 的切线的斜率就是：

$$k=\frac{\mathrm{d}y}{\mathrm{d}x}=\frac{\mathrm{d}(r\sin\theta)}{\mathrm{d}(r\cos\theta)}=\frac{r'_\theta\sin\theta+r\cos\theta}{r'_\theta\cos\theta-r\sin\theta}$$

解决完了前两个“敌人”，再来收拾最后一个“拦路虎”。

3.5.3　底和幂双函数 $y=[f(x)]^{g(x)}$ 型问题

时间紧，任务急。不卖关子了，直接介绍这类求导问题的程序化处理手段。

头道工序：两边取对数；

$$\ln y = g(x)\ln[f(x)]$$

有点感觉了吗？接着走。

二道工序：两边求导；

$$\frac{y'}{y}=g'(x)\ln[f(x)]+g(x)\frac{f'(x)}{f(x)}$$

收尾工序：

$$y' = y\left\{g'(x)\ln[f(x)] + g(x)\frac{f'(x)}{f(x)}\right\}$$

任务结束？没有！记得把 y 代入最后的结果：

$$y' = [f(x)]^{g(x)}\left\{g'(x)\ln[f(x)] + g(x)\frac{f'(x)}{f(x)}\right\}$$

到这里，第三种疑难杂症，我们算是彻底地解决了。学以致用，上例题！

例 3-15） 已知 $y = x^{2\sin x}$，求该函数在点(1,1)处的切线方程。

解：首先按部就班求任意点的切线斜率，我们有：

$$\begin{aligned} & y = x^{2\sin x} \\ & \Rightarrow \ln y = 2\sin x \ln x \\ & \Rightarrow (\ln y)' = (2\sin x \ln x)' \\ & \Rightarrow y' \cdot \frac{1}{y} = 2\cos x \ln x + 2\sin x \cdot \frac{1}{x} \\ & \Rightarrow y' = y\left(2\cos x \ln x + \frac{2\sin x}{x}\right) \\ & \quad = x^{2\sin x}\left(2\cos x \ln x + \frac{2\sin x}{x}\right) \end{aligned}$$

把 $x=1$ 代入上式算出斜率，为 $2\sin(1)$，要求的切线方程为：

$$y - 1 = 2\sin(1)(x - 1)$$

或者：$y = 2x\sin(1) + 1 - 2\sin(1)$

原函数 $y = x^{2\sin x}$ 和点(1,1)的切线的图形如下图所示：

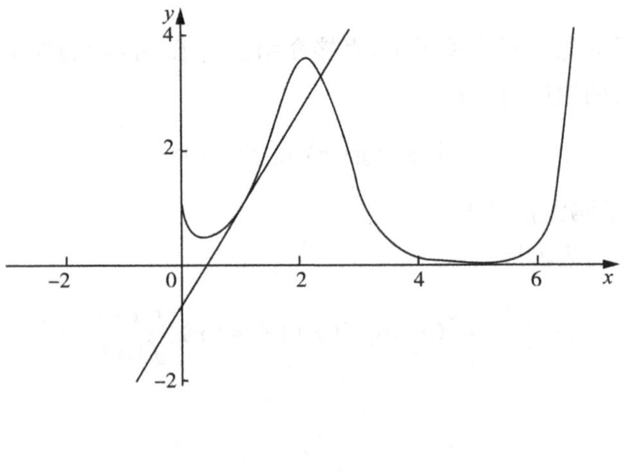

上述手法不仅对于幂底双函数求导有效，有时候，对某些复杂函数求导的时候也可以用。

例 3-16) 求 y'，如果：

$$y=\frac{(x+1)^4(x-5)^2}{(x-3)^8}$$

解：这个题目，如果用通常的办法求导，只能按照函数的商的求导方法去求导数。你就会发现这是一个让人头疼的工作，太复杂！就用刚刚提到的办法，很有效！

解：$y=\frac{(x+1)^4(x-5)^2}{(x-3)^8}$

$$\Rightarrow \ln y=4\ln(x+1)+2\ln(x-5)-8\ln(x-3)$$

$$\Rightarrow \frac{y'}{y}=\frac{4}{x+1}+\frac{2}{x-5}+\frac{8}{x-3}$$

$$\Rightarrow y'=y\left(\frac{4}{x+1}+\frac{2}{x-5}+\frac{8}{x-3}\right)$$

$$\Rightarrow y'=\frac{(x+1)^4(x-5)^2}{(x-3)^8}\left(\frac{4}{x+1}+\frac{2}{x-5}+\frac{8}{x-3}\right)$$

学完本章，你应该可以应付各种函数的求导问题，当然这得在牢记那些个基本函数的导数的基础上。

还有，要牢记：导数是切线的斜率、瞬时变化率、决定函数走向的小趋势！

本章，我们学习了导数，但是导数到底有啥具体的用途呢？欲知导数作用，且看下章内容。

当然，你懂得！本章最后"一道菜"是习题。

练习三

3-1) 求下列各函数的导数和二阶导数：

(1) $y=2x^4-5x^2+3$；　(2) $y=\frac{1}{x}-\frac{1}{\sqrt[5]{x}}$；

(3) $y=\frac{2x^2+1}{x^2-3x+5}$；　(4) $y=(2x+1)^5(x^2+1)$；

(5) $y=4\sin^3(2x)$；　(6) $y=x^2\sec(2x)$；

(7) $y=3\arctan(x^2-2)$；　(8) $y=\left(\frac{2x+1}{2x-1}\right)^{\frac{1}{2}}$；

(9) $y=\ln\dfrac{2x}{x^2+1}$；　　(10) $y=5e^3-3x^2e^{-x}$。

3-2) 对下列隐性函数，求 y 对 x 的导数 $\dfrac{dy}{dx}$：

(1) $y^2-2xy+x^2-2x+3y+8=0$；

(2) $x^3+y^3=9xy$；

(3) $\sin(x+2y)=x^2-2$；

(4) $y=x+\arctan(2y+1)$。

3-3) 请写出曲线 $x^2+y^2-4x+6y-12=0$ 上一点$(-3,-3)$的切线方程。

3-4) 求下列各函数的导数：

(1) $y=x^{\cos 2x}$；　　(2) $y=(\sin 2x)^{\ln x}$；

(3) $y=\sqrt{\dfrac{x+2}{x^4-7}}$；　　(4) $y=\dfrac{e^{3x^2}\cos 4x}{x^3+2x-1}$；

(5) $y=\tan(\arcsin\sqrt{x^2+1})$；　　(6) $y=\ln(\sec^2 x)$。

3-5) 已知曲线的极坐标方程为：$r=3\sin 2\theta+1$，求过点 $\left(\dfrac{\pi}{4},4\right)$ 的切线的方程。

3-6) 已知：$f(x)$ 在定义域 $\mathbf{R}$ 内是可微函数，a 为 $\mathbf{R}$ 内一点，$f(a)\neq 0$：
证明：$f'(a)\cdot(f^{-1})'[f(a)]=1$

3-7) 已知：$f(x)=x^5+2x^3+4$，求：$(f^{-1})'(7)$。

导数有啥用

第四章

CHAPTER 4

前两章，我们弄清楚了微积分中最重要的极限概念，又升华了中学就学过的斜率概念，引入了导数。

我们还耗费了大量笔墨，努力搞清楚了各种函数的小趋势导数的求法，这导数总得有点特别的用途，才对得起我们的心血吧？

没错，导数真的很有用！

4.1 再论极限——罗必塔法则(L'Hôpital's Rule)

如前所述，极限问题是微积分的核心问题，我们在处理极限问题的时候，经常碰到两种棘手的极限问题：

$$\frac{\infty}{\infty}\text{型和}\frac{0}{0}\text{型}$$

我们看到两个横躺着的“8”，感觉无从下手。

正好比，我们看武侠小说，两位大侠比武，他们都身怀绝技，谁能笑到最后，真是不好判断。我们再开动脑筋想一想，两位大侠长期比下去，哪个更占上风？又比如，甲有10亿元并且每年增长7%；乙虽只有5亿元，但是乙的财富增长率是10%。细想一下不难得出结论：长期下来，乙一定是要战胜甲的。我们之所以得出乙胜的结论，是因为他的10%增长率实在是比7%的增长率厉害得多。什么是增长率，不就是变化率吗？什么是变化率呢？导数呗！

由此我们想到，如果两个∞相比没有结论，但它们的导数之比有高下的话，那它们本身之比也就有了结果。这个朴素的想法，在300多年前就被法国数学家罗必塔(L'Hôpital)先生证明了。

罗必塔法则(L'Hôpital's Rule)

假设函数 $f(x)$ 和 $g(x)$，在含有点 a 的某个区域内可导(不要求一定在 a 可导)，而且 $g(x)\neq 0$。如果：

$\lim\limits_{x\to a}f(x)=0$ 且 $\lim\limits_{x\to a}g(x)=0$

或者：$\lim\limits_{x\to a}f(x)=\infty$ 且 $\lim\limits_{x\to a}g(x)=\infty$

那么：$\dfrac{\lim\limits_{x\to a}f(x)}{\lim\limits_{x\to a}g(x)}=\dfrac{\lim\limits_{x\to a}f'(x)}{\lim\limits_{x\to a}g'(x)}$

当然，前提是右边的极限存在。

罗必塔法则，一石二鸟，同时解决了两种难解决的问题。关于这个法则，我们要提醒几点。

首先,当 $x \to \pm\infty$ 时,该法则同样适用。

其次,如果两个函数的导数之比的极限还是 $\frac{\infty}{\infty}$ 型和 $\frac{0}{0}$ 型,可以再次使用该法则到二阶导数甚至 n 阶导数上。

最后,该法则的证明,需要更高深的数学知识。

眼下,我们可以把它当成公理,认为它不证自明,会用法则是硬道理。

例 4-1) 求 $\lim\limits_{x \to 1} \frac{\ln x}{x-1}$。

解:根据罗必塔法则,我们有:

$$\lim_{x \to 1} \frac{\ln x}{x-1} = \frac{\lim\limits_{x \to 1}[(\ln x)]'}{\lim\limits_{x \to 1}(x-1)'} = \lim_{x \to 1} \frac{1}{x} = 1$$

例 4-2) 求 $\lim\limits_{x \to \infty} \frac{2^x}{8x}$。

解:用罗必塔法则,得到:

$$\lim_{x \to \infty} \frac{2^x}{8x} = \lim_{x \to \infty} \frac{(2^x)'}{(8x)'} = \lim_{x \to \infty} \frac{2^x \ln 2}{8} = \infty$$

好玩吧?再看两个极限。

例 4-3) 求 $\lim\limits_{x \to \infty} \frac{3^x}{x^3}$。

解:求这个极限,得对分子分母分别求 3 次导数,才能看清楚结果:

$$\lim_{x \to \infty} \frac{3^x}{x^3} = \lim_{x \to \infty} \frac{(3^x)'}{(x^3)'} = \lim_{x \to \infty} \frac{3^x \ln 3}{3x^2} = \lim_{x \to \infty} \frac{(3^x \ln^3)'}{(3x^2)'} = \lim_{x \to \infty} \frac{(\ln 3)^2 \cdot 3^x}{6x}$$

$$= \lim_{x \to \infty} \frac{[(\ln 3)^2 \cdot 3^x]'}{(6x)'} = \lim_{x \to \infty} \frac{(\ln 3)^3 \cdot 3^x}{6} = \infty$$

由本题的解题过程可知,即使分母不是 x^3,而是 x^{100} 或者更高次方,也不会改变极限的结果。同样,只要分子上 a^x 中的 $a > 1$,结果不会变,都是 ∞。

这也就印证了我们前面说过的:a^x 型的 ∞ 最厉害,跟 x^n 型的 ∞ 没有可比性。我们再看一下 x^n 型的 ∞ 遇上 $\log_b x$ 型的 ∞,会发生什么。

例 4-4) $\lim\limits_{x \to \infty} \frac{\sqrt{x}}{(\ln x)^2}$

解:$\lim\limits_{x \to \infty} \frac{\sqrt{x}}{(\ln x)^2} = \lim\limits_{x \to \infty} \frac{(\sqrt{x})'}{[(\ln x)^2]'} = \lim\limits_{x \to \infty} \frac{\sqrt{x}}{4\ln x} = \lim\limits_{x \to \infty} \frac{(\sqrt{x})'}{(4\ln x)'}$

$= \lim\limits_{x \to \infty} \frac{\sqrt{x}}{8} = \infty$

这一次，x^n 型的 ∞ 与 $\log_b x$ 型的 ∞ 比较结果同样是 ∞！

再重申一次，如果碰到 $\frac{\infty}{\infty}$ 型的极限问题，分子分母只留下级别最高的 ∞ "值班"即可，结果不会错。

有了罗必塔法则，再来看第二章要求你记住的两个著名极限，将会非常直观：

$$\lim_{x\to 0}\frac{\sin x}{x}=1$$

$$\lim_{x\to 0}\frac{1-\cos x}{x}=0$$

我们登山时会发现，登得越高，视野越好。玩数学也一样，玩得越多，玩过的东西看得越清楚。

让我们看看导数还有什么用。

4.2 极值问题(Extremum)

人们总爱关注离自己稍微远点的、极端点的事物。

同样，函数的最大值和最小值问题，自然引起了人们的极大兴趣。因为在生活中，极值太有用了。

要解决极值问题，导数可以帮上大忙。先厘清几个关于极值问题的概念。

局部最大值(Local Maximum)：如果对包含 c 点在内的某个开区间内所有 x 值，不等式 $f(x)\leqslant f(c)$ 都成立，那么 $f(c)$ 就是函数 $f(x)$ 的一个局部最大值。局部最大值，有时候也称为相对最大值(Relative Maximum)。

有局部就有全局。

全局最大值(Global Maximum)：如果对所有的 x 值，不等式 $f(x)\leqslant f(c)$ 都成立，那么 $f(c)$ 就是函数 $f(x)$ 的全局最大值。全局最大值，有时候也被称作绝对最大值(Absolute Maximum)。

接着聊一下对这两个概念的理解。所谓局部，就是只要不等式 $f(x)\leqslant f(c)$ 在哪怕很小的区间内成立，$f(c)$ 就是局部最大值。

例如，如果把地球上的海拔高度作为函数，那么五岳之巅的高度都是局部最大值。与此同时，你回家上楼的每一级台阶高度，甚至你放在地上的拖鞋的高度，也都是局部最大值。而珠穆朗玛峰才是这个函数的全球最大值。

最小值的概念与最大值的概念相对。

局部最小值(Local Minimum)：如果对包含 c 点在内的某个开区间内的所有 x 值，不等式 $f(x) \geqslant f(c)$ 都成立，那么 $f(c)$ 就是函数 $f(x)$ 的一个局部最小值。局部最小值，有时候也称为相对最小值(Relative Minimum)。

全局最小值(Global Minimum)：如果对所有的 x 值，不等式 $f(x) \geqslant f(c)$ 都成立，那么 $f(c)$ 就是函数 $f(x)$ 的全局最小值。全局最小值，有时候也被称作绝对最小值(Absolute Minimum)。

明白了极值的概念，就可以探讨如何找出极值了。

研究如何求极值，首先得确定它的存在性。所以，了解极值定理，很有必要。

极值定理：如果函数 $f(x)$ 在闭区间 $[a,b]$ 上连续，则此区间上一定存在两个点 c 和 d，使得 $f(c)$ 为绝对最大值，$f(d)$ 为绝对最小值。

下图为极值定理的示意图。

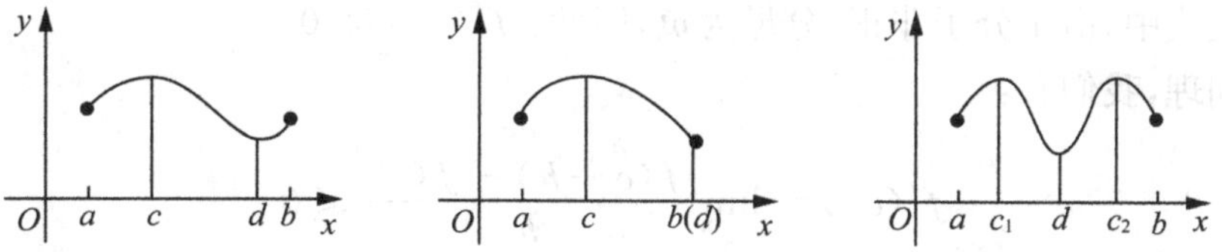

我对这个定理的学习心得是：

(1) 虽然闭区间的绝对极值一定可以达到，但是不一定唯一；

(2) 定理存在的两个条件“连续”和“闭区间”缺一不可。下图就是分别缺了连续和区间封闭这两种条件，极值定理不成立的情形。

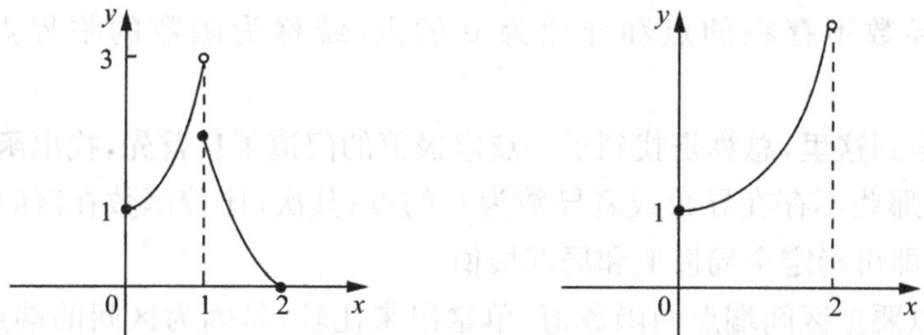

由上图可知，左边的函数没有最大值，右边的函数没有最大值。原因就是：左边的函数不连续，右边的函数定义区间不封闭。

存在性的问题解决了，下面的任务就是根据极值点的特点想办法找到它们。

对一个连续函数来说，既然全局的极值点在封闭区间存在。一般地，全局极值点又是从众多的局部极值点选拔出来的，所以，先找出局部极值点就成了当务之急。那么局部极值点长啥样呢？请看定理：

费马定理：如果 c 点是函数 $f(x)$ 的局部极值点，而 $f'(c)$ 存在，那么：

$$f'(c)=0$$

证明：不妨先假设 $f(c)$是 $f(x)$ 的局部最大值，极小值的情形也可同样证明。$f(c)$是局部最大值，也就意味着：在包含 c 的一个小区域内，下列不等式成立：

$$f(x)\leqslant f(c)$$

于是，我们有：

$$f'(c^-)=\lim_{h\to 0^-}\frac{f(c+h)-f(c)}{h}$$

上式中，由于分子非正，分母为负，因此：$f'(c^-)\geqslant 0$

同理，我们有：

$$f'(c^+)=\lim_{h\to 0^+}\frac{f(c+h)-f(c)}{h}\leqslant 0$$

至此，我们得到了函数在 c 点的左右导数一边非负、一边非正的结论。既然 $f'(c)$ 存在，其左右导数必然相等。那就只有：$f'(c)=0$ 。

注意：费马定理只告诉你，如果局部极值点存在导数，那么该导数为 0。他可没说，所有的局部极值点，导数都为 0。为什么？因为有的局部极值点，导数不存在！

这些导数不存在的点和导数为 0 的点，统称为函数的临界点（Critical Point）。

辛苦走到这里，总算是找到了一点求极值的门道了！首先，找出函数的临界点，也就是那些不存在导数或者导数为 0 的点；其次，比较函数在区间端点和临界点的值，即可确定全局极值和局部极值。

之所以要把区间端点的函数值，单拿出来比较，是因为区间的端点，虽不满足关于局部极值点的定义，但是它有可能是全局极值点。例如，严格的单调函数，一定是在端点取得全局极值，并且内部没有局部极值点的。

那么，如何判断我们辛苦找出来的函数的临界点是局部最大值，还是局部最小值呢？

要解决这个问题，还得请小趋势——导数出马。我们在上一章就介绍过，函数的每一点的导数值的正负，决定着函数在此点的上升或者下降的小趋势。由此不难推出，如果在某个区间内，函数的导数为正，则函数在此区间为增函数。反之，导数为负，则函数为减函数。

当然也可以说，函数切线斜率的正负决定着函数是递增函数，还是递减函数。

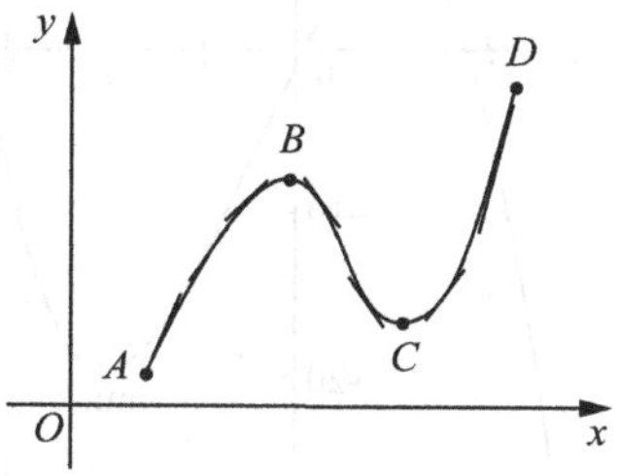

如上图所示，函数在 AB 段和 CD 段都是增函数，同时其切线斜率或者说导数都为正数。而函数在 BC 段导数为负，所以 BC 段是减函数。

很明显，函数在 B、C 两点的导数为 0，也就是说，B、C 都是函数的相对极值点。

函数经过 B 的时候，其导数经历一个由正到零、再到负的过程。相应地，函数是由增函数变为减函数的。所以，B 点是相对最大值点。

而函数经过 C 点的时候，其导数经历一个由负到零、再到正的过程。与之相对应，函数则是从 C 点前的减函数，变为 C 点后的增函数。因此，C 点是函数的相对最小值点。

结论：如果函数的临界点左右的导数是由正变负，则该临界点为局部最大值点。相反，如果函数的临界点左右的导数是由负变正，则该临界点为函数的局部最小值点。

至此，求函数极值的套路算是基本摸清。那就把我们刚学的功夫，拿出来比划比划，看看效果如何。

例 4-5） 求函数 $f(x)=2x^3-3x^2-12x$ 在区间 $[-2,3]$ 的绝对极值。

解：我们按套路出牌，先找出临界点：

$$f'(x)=6x^2-6x-12=6(x^2-x-2)=6(x-2)(x+1)$$

由此可见，2 和 -1 是该函数的临界点，比较临界点和端点的函数值我们发现：$f(-1)=7$，$f(2)=-20$，$f(-2)=-4$，$f(3)=-9$。

因此，$f_{\max}=f(-1)=7$，$f_{\min}=f(2)=-20$。

本题函数如下图所示，

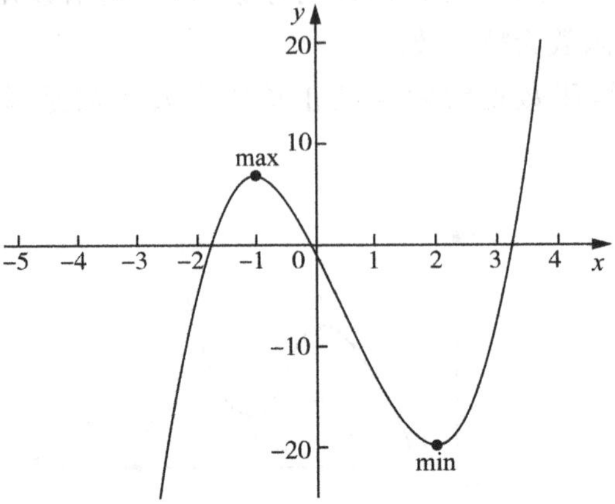

例 4-6） 求出函数 $f(x)=x^4-8x^2$ 的所有极值点以及相应的函数值。

解：先找临界点：

$$f'(x)=4x^3-16x=4x(x^2-4)=4x(x+2)(x-2)$$

临界点为 $-2,0,2$。

下一步，考察临界点左右导数的正负。观察可知：在 -2 点左边，导数为负；在 $(-2,0)$ 上，导数为正；在 $(0,2)$ 上导数为负；在 2 点的右边，导数为正。

由此可见，点 -2 和 2 为函数的相对极小值点，点 0 为函数的相对极大值点。函数值分别为：$f(-2)=f(2)=-16$，$f(0)=0$。

仔细考察可知：函数 $f(x)$ 没有绝对最大值，但是有绝对最小值。本题中的相对最小值，恰好也就是绝对最小值。推而广之，所有的 4 次函数，都没有绝对最大值，但是一定存在绝对最小值。当然，闭区间的情形除外。

下图就是本题图形。

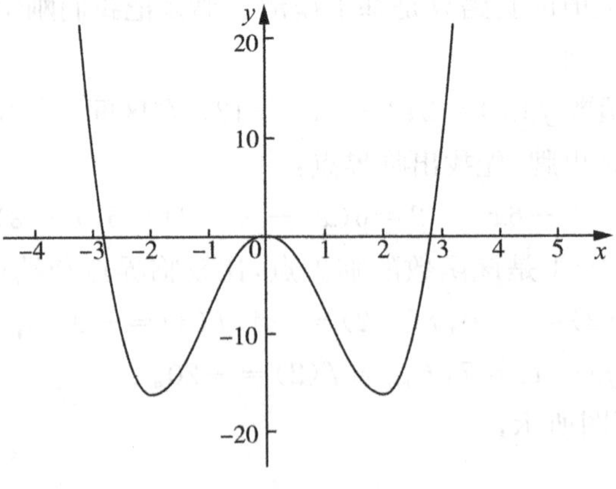

4.3 线性近似(Linear Approximation)

我们在前面介绍过，微积分处理曲线的方法，就是分而治之。换句话说，就是把曲线分成若干段，每一段按直线对待。当然，这种处理结果并不精确。但是，当这个若干段的“若干”值变得无穷大的时候，这种直线处理的结果可以视为真理。

那么，选择什么样的直线作为曲线的近似代表呢？既然曲线在一个点的小趋势是切线的方向，那么自然就可以选择曲线在一个点的切线来替代曲线。一般来说，离这个特定点越近，近似程度越高。

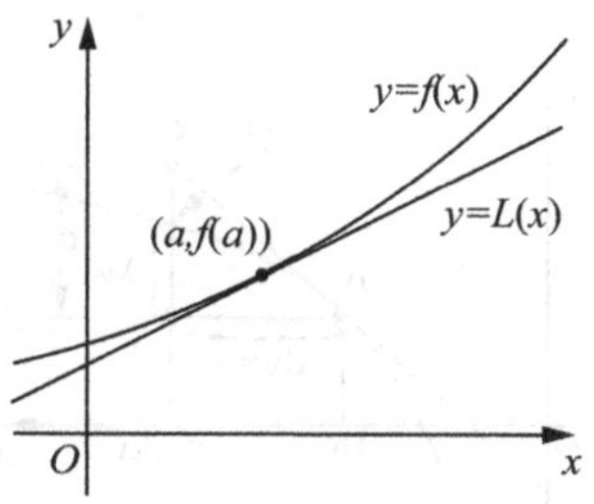

如上图所示：所谓线性近似就是在 a 点附近，用线性函数——切线 $L(x)$ 来近似地代表 $f(x)$。

过点 a 的切线方程就是：

$$y=f(a)+f'(a)(x-a)$$

所以，a 点附近的线性近似就是：

$$L(x)=f(a)+f'(a)(x-a)$$

线性近似是一种简洁的方式，但同时也是一种没有办法的办法。用二次函数或者更高次函数来做近似的工具其精确性当然更高，但是那得多费很多力气。

尽管此法不完美，但是挺实用。有人还给它起了一个更高大上的名字叫：线性逼近。

来个例题诠释一下线性逼近。

例 4-7) 求函数 $f(x)=\sqrt[3]{x}$ 在 $x=27$ 处的线性逼近，并用它来估算 $\sqrt[3]{28}$（精确到小数点后四位数），比较这个估算值和精确值。

解：由题意可知 $f(27)=3$，而函数的导函数为

$$f'(x)=\frac{1}{3\sqrt[3]{x^2}}\Rightarrow f'(27)=\frac{1}{3(\sqrt[3]{27})^2}=\frac{1}{27}$$

所以,要求的线性逼近就是:

$$L(x)=3+\frac{1}{27}(x-27)$$

$$\Rightarrow L(28)=3+\frac{1}{27}=3.0370$$

$$\Rightarrow \sqrt[3]{28}\approx 3.0370$$

另一方面,用计算器直接计算得出:$\sqrt[3]{28}\approx 3.0366$

由此可见,估算值略大于精确值。经过计算可知,其精确度$\leqslant 1.3\times 10^{-4}$。

现在,我们串联一下两个知识点,线性近似和微分。再来看一下介绍函数微分的图:

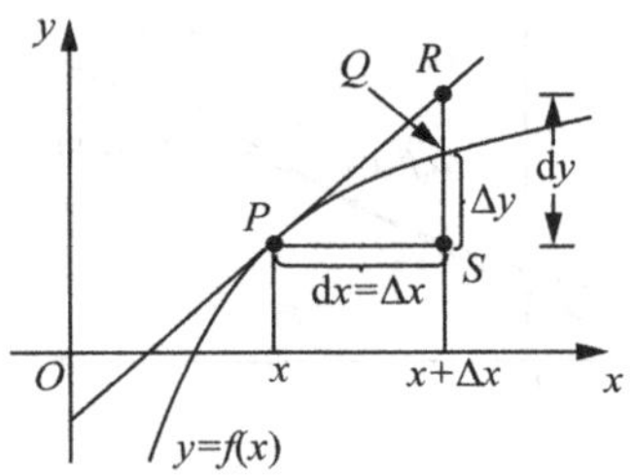

我们知道,P 点线性近似为:

$$L(x)=f(x)+f'(x)\mathrm{d}x=f(x)+\mathrm{d}y$$

其对应的点为 R。

而精确值为:

$$y=f(x)+\Delta y$$

它在图上的对应点是 Q 点。

近似值和精确值的差就是 $(\mathrm{d}y-\Delta y)$。显然,$\mathrm{d}x$ 越小,这种误差也就越小。

线性逼近看起来并不复杂,但有时候并不是那么方便,而且随着计算机技术日新月异的发展,其实用性也会再打折扣。但我们还是单列一节来介绍,一是因为,它的化繁为简的解决问题的方法,既是微积分的基本手法,也可以用来指导我们的日常工作;二是因为,这个看似简单的方法,曾经很有作用,并且是许多前辈辛勤劳动的成果,向他们致敬!

4.4 摸着石头过河——牛顿(Newton)法

提起一元一次方程,可能很多小学生都能解得像模像样。而一元二次方程,差不多每一个高中生，都能写出它的求根公式。但是，再复杂一点呢？例如：

$$ax^3+bx^2+cx+d=0$$

有点晕对吗？那要是再复杂点呢？例如：

$$2x^2-3x\sin x-5\ln x=0$$

谁要让你给出解这样方程的公式，你准跟人急！

先别着急，真要写出这种方程的求根公式，不但你不行，随便找个数学家来干这活，也不行！

各种应用科学中碰到的方程问题，绝大多数写不出求根公式。

数学前辈们早就发现很多方程不能得出精确的解。但是他们没有气馁，不能得出精确的解，就想尽一切办法去求近似解。退而求其次、与不完美拥抱、与现实和解，也是人生的大智慧！

大师牛顿就采取了一种非常优美的方法来求方程的近似解。

牛顿采用的方法，就是微积分的标准手法：用直线的方法解决非直线的问题。思路如下：

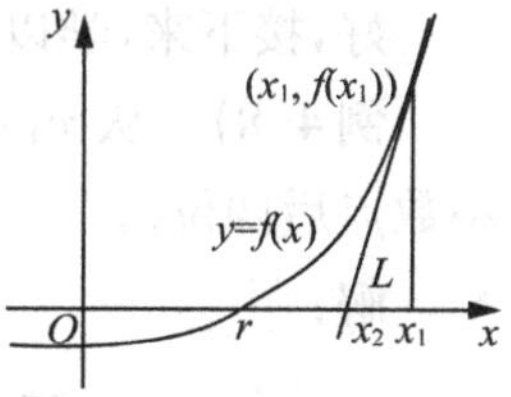

1）如右图所示，假设我们的任务是求出 $f(x)$ 的根 r。没有头绪的我们，只能先蒙一个 x_1。当然，几乎可以断定，x_1 不是我们要求的 r。

2）接下来，我们求出曲线在点 x_1 的切线 L。由于是直线，我们很容易找出直线 L 和 x 轴的交叉点 x_2。

3）自然地，x_2 大概率也不是 r。但是，由于切线方向是函数的小趋势，代表着曲线在点 x_1 处的 $f(x)$ 的走向。因而我们知道，尽管 x_2 也不是 r，但是它应该比 x_1 离 r 更近。

4）求出曲线在点 x_2 的切线，并找出它和 x 轴的交点 x_3。x_3 比 x_2 更接近 r。

5）重复以上步骤，可以得到 $x_4, x_5, \cdots, x_n$。

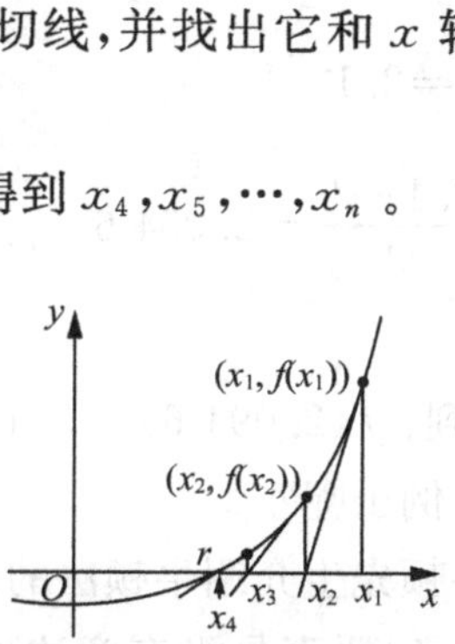

6）由上图易见：
$$f'(x_1)=\frac{f(x_1)}{x_1-x_2}$$
$$f'(x_2)=\frac{f(x_2)}{x_2-x_3}$$

推而广之：
$$f'(x_n)=\frac{f(x_n)}{x_n-x_{n+1}}$$

即：
$$x_{n+1}=x_n-\frac{f(x_n)}{f'(x_n)}$$

7）结论：就是 n 值越大，x_n 越接近 r。也就是：
$$\lim_{n\to\infty}x_n=r$$

看到极限，先别感觉麻烦，这种数学思想，值得好好揣摩。

好，接下来，学以致用。

例 4-8） 从 $x_1=2$ 出发，求方程 $x^3-2x-5=0$ 的根的近似值 x_3（精确到小数点后四位）。

解：
$$设\ f(x)=x^3-2x-5\Rightarrow f'(x)=3x^2-2$$

所以，按照牛顿的方法，我们有：
$$x_{n+1}=x_n-\frac{{x_n}^3-2x_n-5}{3{x_n}^2-2}$$

因而：
$$x_2=2-\frac{2^3-2\times2-5}{3\times2^2-2}=2.1$$
$$x_3=2.1-\frac{2.1^3-2\times2.1-5}{3\times2.1^2-2}=2.0946$$

x_3 的精确度如何呢？

用计算器计算就可以得到：$f(2.0946)=5.4\times10^{-4}$。可见 x_3 的精确度相当了得。那么，为什么举这个例子呢？

记住了，这道题目就是牛顿先生介绍牛顿法的论文中的原题！

虽然牛顿方法非常好用，但要真是没有章法地乱用，有的时候就会陷入误区，得不到应有的效果。请看下图：

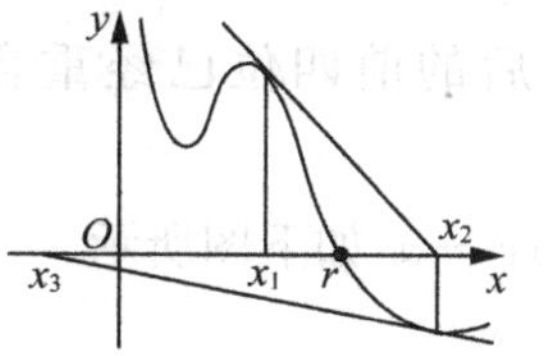

x_1 看着还像那么回事，但是从 x_2 往后，和 r 是渐行渐远啊。何也？因为牛顿法中的第一步，x_1 的选择，是个技术活！

就像大师手稿中的例题，他选择 $x_1=2$，为什么不选 0、1、-1 呢？比较一下就知道了。显然，$f(0)=-5$，$f(1)=-6$，$f(-1)=-4$，而 $f(2)=-1$。即使让你选，你也会选择函数值离 0 最近的 2 作为 x_1 吧。

牛顿方法的思想，可以用伟人的一句经典语录概括：摸着石头过河。

但是，先摸哪块石头，是个智慧活儿。

在 AI 技术逐渐发展的今天，牛顿法有着非常巨大的现实意义。现在，很多学生用的高级计算器都可以解各种非常规方程，其内核原理，大多是牛顿方法。

再来一道例题熟悉一下流程。

例 4-9） 用牛顿法求方程 $\cos x-\sin x=x$ 的根，要求精确到小数点后四位。

解：我们先画出 $f(x)=\cos x-\sin x$ 以及 $g(x)=x$ 的草图：

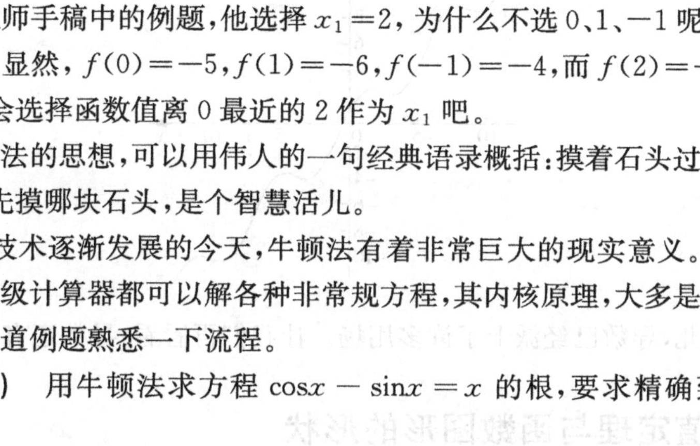

由图可见，大致在不到 $\dfrac{\pi}{4}$ 的地方，两线相交。因此我们选 $x_1=0.75$ 来求方程 $h(x)=\cos x-\sin x-x=0$ 的根：

因为 $h'(x)=-\sin x-\cos x-1$

所以 $x_{n+1}=x_n+\dfrac{\cos x_n-\sin x_n-x_n}{\sin x_n+\cos x_n+1}$

把 $x_1=0.75$ 代入上式中依次计算可以得到：

$x_2=0.459\ 965$　　　$x_3=0.456\ 646$　　　$x_4=0.456\ 625$

由于 x_3，x_4 的小数点后的前四位已经重合，所以我们要求的根就是：$x=0.456\ 6$。

函数 $h(x)=\cos x-\sin x-x$ 如下图所示。

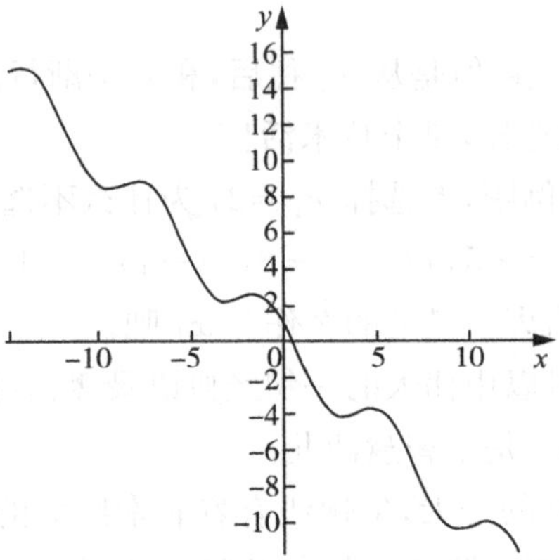

走到这儿，导数已经派上了许多用场。让我们再看看，导数还有什么用。

4.5　中值定理与函数图形的形状

在研究函数的过程中，如果能准确把握函数图形的形状，大有裨益！

作为函数走向的小趋势，导数当然对函数图形的形状起着关键的作用。了解这些作用，有助于把握函数的整体趋势。

首先介绍一下：

罗尔定理(Rolle's Theorem)

假设函数 $f(x)$满足

1) 在区间 $[a,b]$ 连续

2) 在区间 (a,b) 可导

3) $f(a)=f(b)$

那么，在区间 (a,b) 上一定存在一个实数 c，使得：

$$f'(c)=0$$

定理证明：我们不妨分三种情形来证明罗尔定理。

情形一：如果对区间 $[a,b]$ 上任意的 x 值，都有 $f(x)=f(a)=f(b)$，那么函数 $f(x)$ 的图像是一条平行于 x 轴的直线，这个时候区间 (a,b) 内可导的任意一点的切线都平行于 x 轴。随便找一个 c 点，都满足：$f'(c)=0$。

情形二：如果在区间 (a,b) 内，有某一点的函数值大于端点的函数值，那么，根据极值定理，区间 (a,b) 内，必然存在一个 c 点，使得 $f(c)$ 是函数 $f(x)$ 在 $[a,b]$ 上的极大值。

根据定义，这个 $f(c)$，同时也是一个相对极大值，又加上 $f(x)$ 在 c 点可导，因而根据费马定理，我们得知：$f'(c)=0$。

情形三：如果在区间 (a,b) 内，有某一点的函数值小于端点的函数值，按照情形二的证明方法，我们同样可以得到结论：区间 (a,b) 内存在一个点 c，满足：$f'(c)=0$。

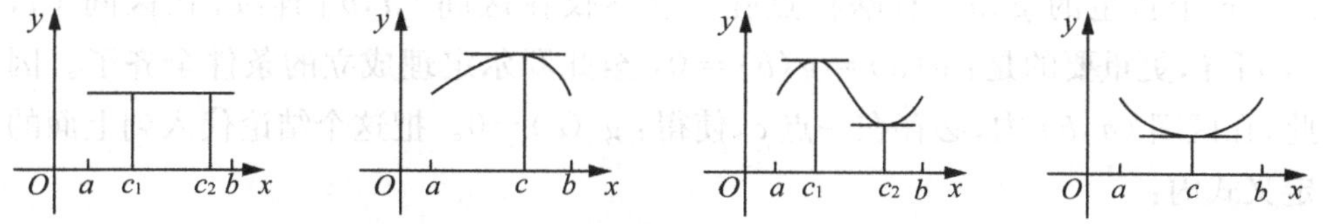

上图展示了罗尔定理成立的几种情形。

由图可见，罗尔定理的几何意义就是，在区间端点的函数值相等的情况下，区间 (a,b) 内存在一个点 c，过该点的切线平行于 x 轴。

由于区间的端点函数值相等，因此其连接线也平行于 x 轴，罗尔定理就等于，在区间 (a,b) 内存在一个点 c，函数过该点的切线平行于区间端点的连接线。我们自然要问，在端点的函数值不相等的情况下，这个结论成立吗？

答案是肯定的！

拉格朗日中值定理（Lagrange's Mean Value Theorem）

假设函数 $f(x)$ 满足

1）在区间 $[a,b]$ 连续

2）在区间 (a,b) 可导

那么，在区间 (a,b) 上一定存在一个实数 c，使得：

$$f'(c)=\frac{f(b)-f(a)}{b-a}$$

定理证明：

思路：由于刚刚证明过罗尔定理，而我们需证明的公式右边，又是区间端点连接线的斜率。所以,我们特别想找到一个函数,这个函数既和端点有关又要与 $f(x)$ 有关,而且最好在两个端点的函数值相等。

如果把函数 $f(x)$ 与端点连接线这条直线上的 y 值的差,定义为一个新函数 $g(x)$,那么这个新函数的端点值一定为 0。对它应用罗尔定理如何?

我们知道:连接两个端点 $(a,f(a))$,$(b,f(b))$ 的直线方程为:

$$y=f(a)+\frac{f(b)-f(a)}{b-a}(x-a)$$

所以,我们有:

$$g(x)=f(x)-\left[f(a)+\frac{f(b)-f(a)}{b-a}(x-a)\right]$$

这个新生的 $g(x)$ 有啥特点呢?它不仅在区间 $[a,b]$ 连续,在区间 (a,b) 可导,更重要的是:$g(a)=g(b)=0$,至此罗尔定理成立的条件全齐了。因此,在区间 (a,b) 内,必存在一点 c,使得:$g'(c)=0$。把这个结论代入到上面的定义式内:

$$g'(c)=f'(c)-\frac{f(b)-f(a)}{b-a}=0$$

$$\Rightarrow f'(c)=\frac{f(b)-f(a)}{b-a}$$

在这个定理证明过程中,为应用罗尔定理而量身打造函数 $g(x)$ 的手法,是历代数学大师们创造性工作中的常用手法,具有非常高的技术含量。

中值定理的代数意义是,在区间 (a,b) 上存在点 c,使得函数 $f(x)$ 在点 c 的瞬时变化率,等于函数 $f(x)$ 整个区间 $[a,b]$ 上的平均变化率。

中值定理的几何意义是,在区间上 (a,b) 存在点 c,使得函数过 c 点的切线平行于端点连线。请参照下图:

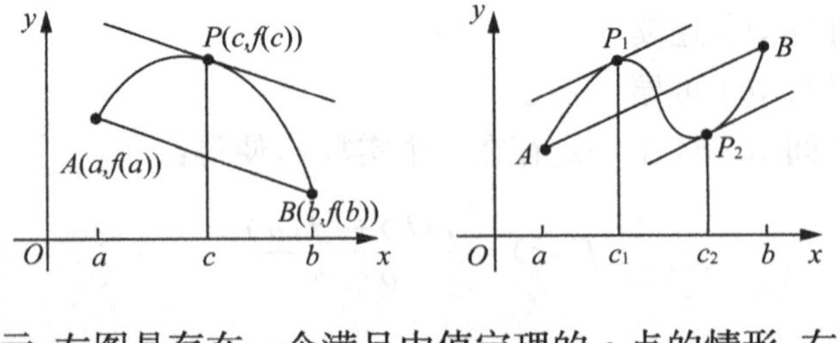

如上图所示,左图是存在一个满足中值定理的 c 点的情形,右图展示的是有两个满足中值定理的 c 点的情形。

法国数学家——拉格朗日

做两道题体会一下：

例 4-10） 验证函数 $f(x)=2x^2-3x+1$ 在区间[0,2]上满足中值定理。

解：我们的任务是在区间[0,2]上找出一个 c，使得：

$$f'(c)=\frac{f(2)-f(0)}{2-0}=1$$

注意到：$f'(x)=4x-3$

所以，只要下面关于 c 的方程有解，我们的任务就算完成了：

$$4c-3=1$$

上面的方程，显然有解：$c=1$。

有的时候，题目可以拐个弯，请看下面例题。

例 4-11） 已知，全区域可导函数 $f(x)$，满足 $f'(x)\leqslant 9$ 且 $f(1)=-8$。求 $f(3)$ 可能达到的最大值。

解：依据中值定理，我们知道，在区间(1,3)上，必然存在一点 c 使得：

$$f'(c)=\frac{f(3)-f(1)}{3-1}$$

又因为 $f'(x)\leqslant 9$，所以：

$$\frac{f(3)-f(1)}{3-1}\leqslant 9$$

得：$f(3)+8\leqslant 18$，即 $f(3)\leqslant 10$

因此，所求的 $f(3)$ 可能达到的最大值为 10。

一方面，我们通过罗尔定理，可以证明拉格朗日定理；另一方面，罗尔定理又可以作为拉格朗日定理的特例。实际上，拉格朗日定理亦可以作为另一个定理的特例，这个定理就是著名的柯西中值定理。

柯西(Cauchy)中值定理

设函数 $f(x)$，$g(x)$ 在 $[a,b]$ 连续，(a,b) 可导，且 $g(x)\neq 0$，则一定存在一个：$\xi\in(a,b)$，满足：

$$\frac{f(b)-f(a)}{g(b)-g(a)}=\frac{f'(\xi)}{g'(\xi)}$$

柯西中值定理也同样可以通过证明拉格朗日定理的方法，从罗尔定理推出。在实际上，对柯西中值定理的应用，更多地是对如下的参数方程表述的曲线进行应用：

$$\begin{cases}x=x(t)\\ y=y(t)\end{cases}\quad t\in(a,b)$$

因此，我们可以说，拉格朗日定理和柯西中值定理都是罗尔中值定理的推广和发展。

实际上，柯西中值定理考频不高。所以，作为考生知道这个定理什么模样就行。

罗尔定理和拉格朗日定理，都是从一定程度上诠释了函数图形在一定区间内的一些形态。比如，切线的方向。

根据函数的导数在某区间内的符号，可以判断函数在此区间内是增函数，还是减函数。

但是，同样是增函数，下图中的两种增函数 $f(x)$ 和 $g(x)$ 是有明显区别的：

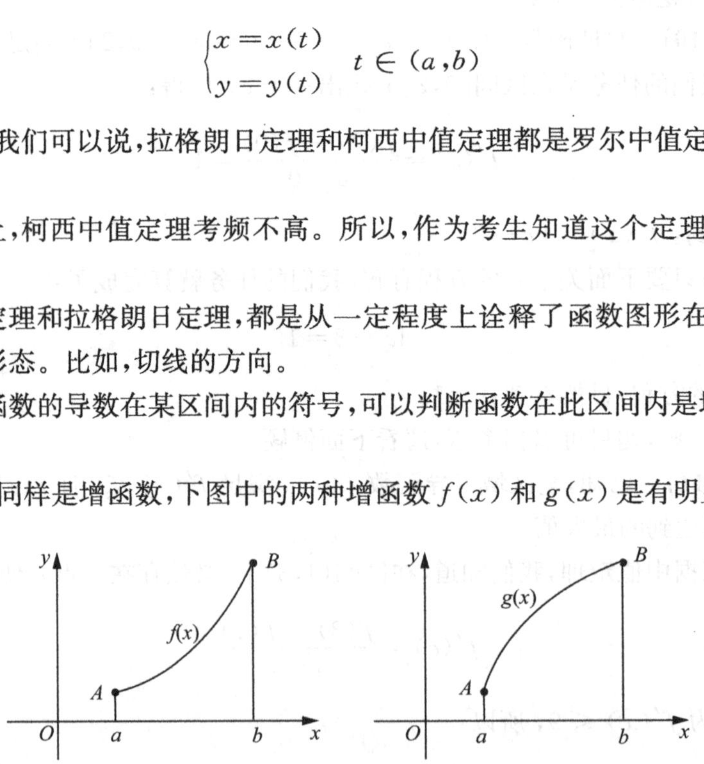

我们通常把上图中左边开口向上的图形，叫做下凸图形，而右边开口向下的

图形叫做上凸图形。

用数学行话表述就是：函数 $f(x)$ 在区间 (a,b) 下凸，函数 $g(x)$ 在区间 (a,b) 上凸。

值得注意的是，函数图形凹凸性的表述，中外是有区别的，中文是按照哪边“鼓起来”，就说是往哪边凸。而西方的表述，重视的是开口方向，这个方向正好和“鼓起来”的方向相反。所以，我们所说的上凸函数，用英文表述就是 Concave Down。而我们的所说的下凸函数，相应的英文则是 Concave Up。

上凸函数和下凸函数的一个明显的几何意义就是：所有上凸函数的切线都位于函数图形的上方；而所有下凸函数的切线都在函数图形的下方。如下图所示：

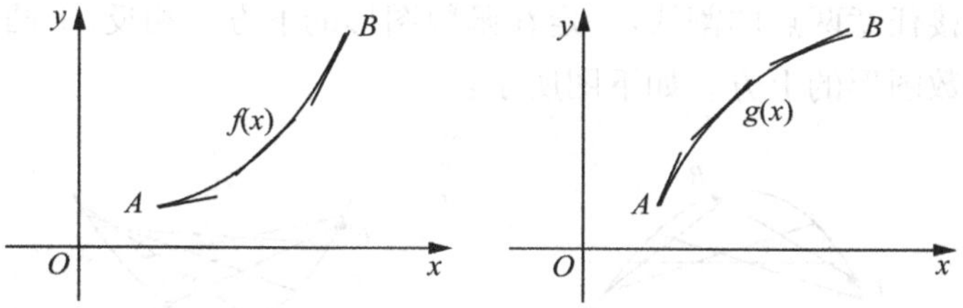

由图可见，下凸函数 $f(x)$ 的切线都在函数图形下边，而上凸函数 $g(x)$ 的切线都在函数图形上边。

那么如何判断函数的图形是上凸还是下凸呢？法宝就是二阶导数判别法。

如果在区间 (a,b)，函数 $f(x)$ 满足：$f''(x)>0$，那么函数 $f(x)$ 在此区间下凸；如果在区间 (a,b)，函数 $f(x)$ 满足：$f''(x)<0$，那么函数 $f(x)$ 在此区间上凸。

这个判别法是可以借助中值定理证明的，限于篇幅，本书不详细介绍。

有了二阶导数判别法的帮助，我们对极值问题的处理又有了新的抓手。根据二阶导数的符号，我们很容易就得出了这样的结论：

如果函数 $f(x)$ 的二阶导数在点 c 附近连续，那么：

1）如果 $f'(c)=0, f''(c)>0$，则 $f(c)$ 必为函数的相对极小值；

2）如果 $f'(c)=0, f''(c)<0$，则 $f(c)$ 必为函数的相对极大值。

上述结论，几何上非常直观。现简要说明第一种情形，由于二阶导数为正，所以曲线下凸。因而在 c 点附近函数的切线在函数图形下方，又由于函数在 c 点的切线为水平切线，所以 $f(c)$ 就成为函数的相对极小值。如下图所示：

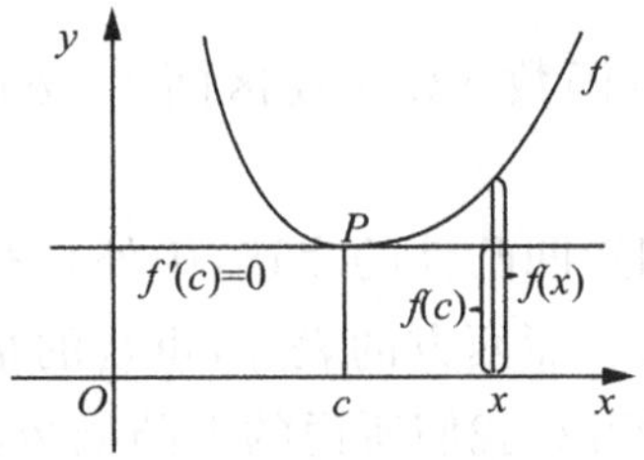

一方面，函数下凸、切线在函数图形下边、函数在下凸函数的极值点为相对极小值点，是一致的；另一方面，函数上凸、切线在函数图形上面、函数在上凸函数的极值点是相对极大值点，也是一致的。

为了从更广泛的视角来观察凹凸性，我想提请你注意另一个事实，那就是上凸函数的连接任意两点的割线，一定在函数图形的下方。相反，下凸函数的割线则一定在函数图形的上方。如下图所示：

学过了这一节的内容，我们今后在求函数极值的问题中，既可以根据一阶导数在临界点左右的变号情况，来确定函数在极值点左右的增减性质，从而确定函数的极值点是极大或者极小值；也可以简单根据函数的二阶导数的符号，直接判断极值点的性质。

现在，我们可以对熟悉的二次函数 $y=ax^2+bx+c$ 来一个更高级的小结：

由 $y'=0$，可求出 y 的临界点是 $-\dfrac{b}{2a}(a\neq 0)$。所以，当 $a>0$ 时，由于 $y''=2a>0$，y 在临界点是最小值；反之，当 $a<0$ 时，由于 $y''=2a<0$，y 在临界点是最大值。

请看例题。

例 4-12) 已知函数 $f(x)$ 的导数 $f'(x)=(x-1)e^x$，求函数的临界点，并说出该临界点的性质。

解：不妨使用老套路，令导数为 0，即可得出 $f(x)$ 的临界点是 1 且唯一。

解法一：

当 $x<1$ 时，$f'(x)=(x-1)e^x<0$，因而函数 $f(x)$ 是减函数；

当 $x>1$ 时，$f'(x)=(x-1)e^x>0$，因而函数 $f(x)$ 是增函数。

所以 $x=1$ 这个临界点是极小值点。

解法二：

求二阶导数得到 $f''(x)=xe^x$，所以 $f''(1)=e>0$ 。因此，点 1 是极小值点。

有点意思吧？

关于函数图形的凹凸，还有一个概念，现在隆重地推出一下。

拐点(Point of Inflection)

如果函数 $f(x)$ 的二阶导数是连续函数，并且在点 a 左右符号相异，则称点 a 为函数 $f(x)$ 的拐点。

拐点概念学习心得：

1）拐点左右函数从上凸函数改成下凸函数或者正相反；

2）拐点的二阶导数要么为 0，要么不存在。

先前学了个临界点，现在又学了个拐点。把它们对比一下：临界点是指导数为 0 或者不存在的点，临界点是极值点的嫌疑点。拐点是函数的二阶导数变号的点，但要注意，二阶导数为 0 或者不存在，只是该点成为拐点的必要条件，并不是充分条件。正如连续是可导的必要条件，但并不是可导的充分条件一样。

至此，函数的图形在一个点附近的走向，我们应该可以说得比较清晰了。图形的走向演变，有点像汉语写法的基本笔画，写汉语的笔画无非是横竖撇捺等。而一个函数的图形也无非是这么几种基本形态：直线上升（下降）就像“\”形、曲线上凸上升（下降）就像“∩”形的 左半边（右半边）、曲线下凸下降（上升）就像“∪”形的左半边（右半边）。

有导数帮忙，我们对函数的增减、凹凸等基本形态就会有所了解。如果再考虑渐近线，即使复杂一点的函数，我们也能把图形画个有模有样了。

结合所学，概括一下，要画一个像样的函数图形，有一些标准动作：

1）注意函数定义域；

2）找出函数和坐标轴的交点；

3）注意奇偶性也就是对称性；

4）观察有无渐近线；

5）找出相对极值点；

6）注意函数增减以及凹凸。

例 4-13） 画出下列函数的图形：

$$y=f(x)=\frac{3x^2}{2x^2-5}$$

解：首先关注如下五点：

1）函数的定义域为 $2x^2-5\neq 0 \Rightarrow x\neq\pm\frac{\sqrt{10}}{2}$。

2）显然，函数和坐标轴的交点为原点。

3）由于 $f(x)=f(-x)$，所以该函数为偶函数，关于 y 轴对称。

4）因为 $\lim\limits_{x\to\pm\infty}f(x)=\frac{3}{2}$，

所以，该函数有一条水平渐近线 $y=3/2$。

又因为：

$$\lim_{x\to\left(\frac{\sqrt{10}}{2}\right)^+}f(x)=\lim_{x\to\left(-\frac{\sqrt{10}}{2}\right)^-}f(x)=\infty,$$

以及：

$$\lim_{x\to\left(\frac{\sqrt{10}}{2}\right)^-}f(x)=\lim_{x\to\left(-\frac{\sqrt{10}}{2}\right)^+}f(x)=-\infty,$$

所以，该函数有两条竖直渐近线：

$$x=-\frac{\sqrt{10}}{2}\text{ 及 }x=\frac{\sqrt{10}}{2}。$$

5）找出临界点：

$f'(x)=0$

$$\Rightarrow\frac{(2x^2-5)\cdot 6x-4x\cdot 3x^2}{(2x^2-5)^2}=\frac{-30x}{(2x^2-5)^2}=0$$

$\Rightarrow x=0$

由此可见，0 点是函数 $f(x)$ 的唯一临界点，观察不难得知，函数在此点的导数由正变负，也就是说 0 点是该函数的相对极大值点。

其次研究凹凸性：

第一步，求出二阶导数，

$$f''(x)=\left[\frac{-30x}{(2x^2-5)^2}\right]'$$

$$=\frac{(2x^2-5)^2\cdot(-30)-(-30x)\cdot 2(2x^2-5)\cdot 4x}{(2x^2-5)^4}$$

$$=\frac{180x^2+150}{(2x^2-5)^3}$$

第二步，在区间 $\left(-\frac{\sqrt{10}}{2},\frac{\sqrt{10}}{2}\right)$，$f''(x)<0$，因而函数 $f(x)$ 为上凸函数；

而在区间 $\left(-\infty,-\frac{\sqrt{10}}{2}\right)$ 和 $\left(\frac{\sqrt{10}}{2},\infty\right)$ ，$f''(x)>0$，因此函数为下凸函数。

综上所述，我们可以画出该函数的图形，大致如下：

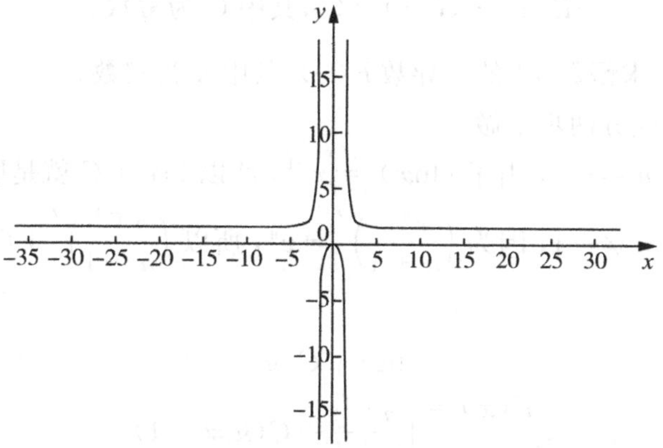

4.6 寻根之得——反导数(Antiderivative)

我们形容某人对某篇文章的熟悉程度时，经常用"倒背如流"这个词。如果给你一个函数的求导公式，你能够"倒背如流"，相当于根据导数，来找出它是谁的导数。

也就等于，你在大街上看到一个"无人认领"的导数，你根据已经学到的手艺，迅速解答"这是谁家的导数"这个问题。

在微积分里，是需要这种基本能力的。

例如，根据公式 $(x^2)'=2x$ ，你可以很容易地说 $2x$ 是 x^2 的导数。

由于根据导数来找出原函数的寻根的动作，完全和求导的过程相反，因此，有一个可以让人产生联想的名称——反导数。

例如，在说 $2x$ 是 x^2 导数的时候，相当于在说：x^2 是 $2x$ 的反导数。

一般来说，我们描述 $F(x)$是 $f(x)$反导数的时候，指的就是：

$$F'(x)=f(x)$$

熟练掌握导数的你，自然知道，不仅仅是 $(x^2)'=2x$ ，所有形如 x^2+c (其中 c 是常数)的函数，它的导数都是 $2x$ 。换句话说，函数 $2x$ 的反导数不是唯一的。

所以，我们先前那句话应该改为：函数 $2x$ 是函数 x^2+c 的导数。

显然,这里的 x^2+c 不是一个函数,而是一组函数。

如此,接下来的结论不证自明。

如果,函数 $F(x)$ 和 $G(x)$ 都是 $f(x)$ 的反导数,那么:

$$F(x)-G(x)=C\text{ ,其中 }C\text{ 为常数。}$$

例 4-14) 求函数 x^n 的反导数 $F(x)$,其中 n 为实数。

解:我们必须分两步来做。

首先,如果 $n=-1$, 由于 $(\ln x)'=x^{-1}$, 所以 $\ln x+C$ 就是所求的反导数;

其次,如果 $n\neq-1$, 因为 $\left(\dfrac{x^{n+1}}{n+1}\right)'=x^n$, 所以 $\left(\dfrac{x^{n+1}}{n+1}\right)'+C$ 为所求的反导数。即:

$$F(x)=\begin{cases}\ln x+C(n=-1)\\ \dfrac{x^{n+1}}{n+1}+C(n\neq-1)\end{cases}$$

尽管我们一直在说,函数的反导数通常是指一组函数,但是如果加上某种约束条件,一般就可以有确定的函数了。

例 4-15) 已知: $f''(x)=2x^3+3x^2-4x+5$, $f(0)=2$, $f(1)=0$, 求函数 $f(x)$ 。

解:我们知道, $f(x)''$、$f'(x)$ 的反导数 $f'(x)$、$f(x)$ 分别为:

$$f'(x)=2\cdot\frac{1}{4}x^4+3\cdot\frac{1}{3}x^3-4\cdot\frac{1}{2}x^2+5x+C_1$$

$$=\frac{1}{2}x^4+x^3-2x^2+5x+C_1(C_1\text{ 为常数})$$

$$f(x)=\frac{1}{10}x^5+\frac{1}{4}x^4-\frac{2}{3}x^3+\frac{5}{2}x^2+C_1x+C_2(C_1\text{、}C_2\text{ 为常数})$$

把 $f(0)=2$, $f(1)=0$ 代入上式,得到:

$$\begin{cases}C_2=2\\ \dfrac{1}{10}+\dfrac{1}{4}-\dfrac{2}{3}+\dfrac{5}{2}+C_1+C_2=0\end{cases}$$

解方程可得: $\begin{cases}C_1=-\dfrac{251}{60}\\ C_2=2\end{cases}$

$$\Rightarrow f(x)=\frac{1}{10}x^5+\frac{1}{4}x^4-\frac{2}{3}x^3+\frac{5}{2}x^2-\frac{251}{60}x+2$$

为方便你玩好这一小节，我再把基本函数和其对应的反导数拉出来跟你混个脸熟。欢迎拿走随身携带！

函数	反导数
$x^n(n\neq-1)$	$\frac{x^{n+1}}{n+1}(n\neq-1)$
x^{-1}	$\ln\|x\|$
a^x (e^x)	$\frac{a^x}{\ln a}$ (e^x)
$\sin x$	$-\cos x$
$\cos x$	$\sin x$
$\sec^2 x$	$\tan x$
$\sec x\tan x$	$\sec x$
$\frac{1}{\sqrt{1-x^2}}$	$\arcsin x$
$-\frac{1}{\sqrt{1-x^2}}$	$\arccos x$
$\frac{1}{1+x^2}$	$\arctan x$

一共是十大“金刚”，只要把它们倒背一下、正着背一下，在反导数的世界里走江湖，算是有盘缠啦！

在后面的章节里，你会发现：这些看似平庸的反导数们，那是大有来头啊！

接下来，我们一起来见见定积分！

当然，出发前，总得先巩固学习成果——做习题。

练习四

4-1）求如下函数的临界点：

(1) $y=x^4+x^3+x^2+1$；　　(2) $y=|2x-1|$；

(3) $y=\frac{x+1}{x^2-x+1}$；　　(4) $y=2\cos x+\sin^2 x$。

4-2）求下列函数在指定区间的绝对极值：

(1) $y=-x^2+2x-1, x\in[0,5]$；

(2) $y=5+6x-2x^3, x\in[0,8]$；

(3) $y=2x^3-3x^2-12x+1, x\in[-2,3]$；

(4) $y=\dfrac{x}{x^2-x+1}, x\in[0,3]$；

(5) $y=x\sqrt{4-x^2}, x\in[-1,2]$；

(6) $y=x+\cos\left(\dfrac{x}{2}\right), x\in\left[\dfrac{\pi}{4},\dfrac{7\pi}{4}\right]$。

4-3) 用线性逼近法来估算如下各值：

(1) $(2.999)^4$；　(2) $\sin 1°$；　(3) $\sqrt[3]{1001}$。

4-4) 用牛顿法求下列各方程的根(精确到小数点后 6 位)：

(1) $3\cos x=x+1$；

(2) $\sqrt[3]{x}=x^2-1$；

(3) $\cos(x^2-x)=x^4$。

4-5) 请验证下列函数在指定区间满足拉格朗日中值定理：

(1) $f(x)=2x^3-3x+1, x\in[0,2]$

(2) $f(x)=\dfrac{1}{x}, x\in[1,3]$

4-6) 证明：方程 $x^3-15x+c=0$ 在区间 $[-2,2]$ 内，最多有一个根。

4-7) 如果 $f(1)=10, f'(x)\geqslant 2(1\leqslant x\leqslant 4)$，请问 $f(4)$ 有下限吗？

4-8) 对下列各函数，

a) 求出各个函数的上升和下降区间；

b) 求出各函数的相对极值；

c) 求出各个函数的拐点和上凸或下凸区间。

(1) $y=x^3-12x+3$；　(2) $y=-x^4+2x^2+2$；

(3) $y=(x+1)^5-5x-2$；　(4) $y=x\sqrt{6-x}$；

(5) $y=2\cos x+\cos^2 x(0\leqslant x\leqslant 2\pi)$。

4-9) 求下列各函数的反导数：

(1) $y=2x^3-3x^2+x+1$；　(2) $y=\dfrac{x^2+x+2}{\sqrt[4]{x}}$；

(3) $y=4\sec^2 x-5x^4$；　(4) $y=\mathrm{e}^3$。

分中有积——定积分

第五章

CHAPTER 5

啥是定积分？

先来个顺口溜：积分积分、分中有积、积后再积。等你完全明白这句话，你就知道啥是定积分了。

5.1 黎曼和——定积分(Definite Integral)

定积分是由面积问题引发的概念。

几百年前随着欧洲的工业革命和应用物理的发展，数学家们提出了许多新的课题。很多问题最后都可以归结为求曲线和 x 轴之间的面积问题。

对。我说的就是图 5-1 中的 S 表示的那一块面积。

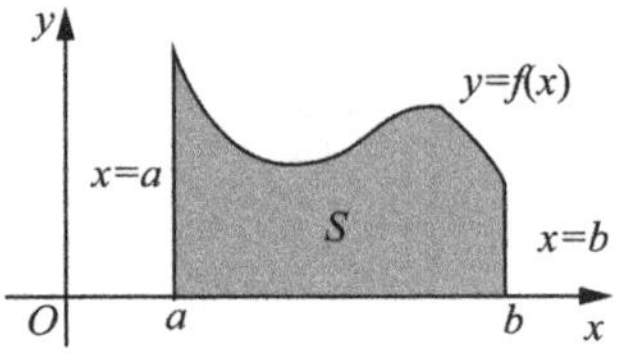

图 5-1

对于这样的问题，数学家们用的办法自然也是高等数学中我们已经见识过的常规手段——分段考察，再将每一段的曲线按直线考虑，然后再加密分段数直至得到理想的结果。

接下来，我们来试着还原一下过程。

所谓分段，无非是把 S，分成如图 5-2 一样的 n 个 S_i 。

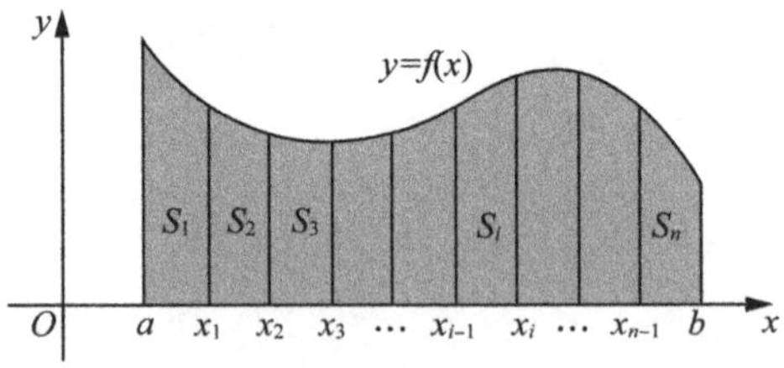

图 5-2

如图 5-2 所示，我们首先把区间$[a,b]$分成了 n 段，

令：$a=x_0<x_1<x_2<\cdots<x_n=b$。

下一步就是分别计算对应于这 n 个小区间 S_i 的面积。对计算 S_i 来说，最理想的方法，当然是找到函数 $f(x)$ 在区间 $[x_{i-1},x_i]$ 上的平均值，然后把这个

平均值和区间长度 Δx_i（$\Delta x_i = x_i - x_{i-1}$）相乘，但是理想总是不现实的，哪儿那么容易找到平均值！如果那么容易，直接找函数 $f(x)$ 在区间 $[a,b]$ 的平均值，然后和区间长度 $(b-a)$ 乘起来不就完成了？

既然现实不像理想那么“丰满”，那就得另辟蹊径。

第一种省事的办法，用区间的左边高度 $f(x_{i-1})$ 和区间长度 Δx_i 相乘，得到 n 个 S_i 的近似值。然后，把这 n 个乘积加起来，我们就得到了下面的一个近似值：

$$L_n = \sum_{i=1}^{n} f(x_{i-1})\Delta x_i = f(x_0)\Delta x_1 + f(x_1)\Delta x_2 + \cdots + f(x_{n-1})\Delta x_n \tag{5-1}$$

与之相对应，另一种省事的办法，是用区间的右边高度 $f(x_i)$ 和区间长度 Δx_i 相乘，得到 n 个 S_i 的近似值。然后，把这 n 个乘积加起来，我们就又得到一个近似值：

$$R_n = \sum_{i=1}^{n} f(x_i)\Delta x_i = f(x_1)\Delta x_1 + f(x_2)\Delta x_2 + \cdots + f(x_n)\Delta x_n \tag{5-2}$$

有了偏左和偏右的取法，自然还有一种折中的办法，就是取区间的中点 $\dfrac{x_{i-1}+x_i}{2}$ 的函数值来和区间长度 Δx_i 相乘，得到 n 个 S_i 的近似值。这样，把这 n 个乘积加起来，我们就又得到一个近似值：

$$\begin{aligned} M_n &= \sum_{i=1}^{n} f\left(\frac{x_{i-1}+x_i}{2}\right)\Delta x_i \\ &= f\left(\frac{x_0+x_1}{2}\right)\Delta x_1 + f\left(\frac{x_1+x_2}{2}\right)\Delta x_2 + \cdots + f\left(\frac{x_{n-1}+x_n}{2}\right)\Delta x_n \end{aligned} \tag{5-3}$$

由于英文单词的左、右、中分别为 LEFT、RIGHT、MIDDLE。所以我们得到前面三个公式中的 L_n、R_n、M_n。图 5-3 分别是左、右、中三种方法的示意图。

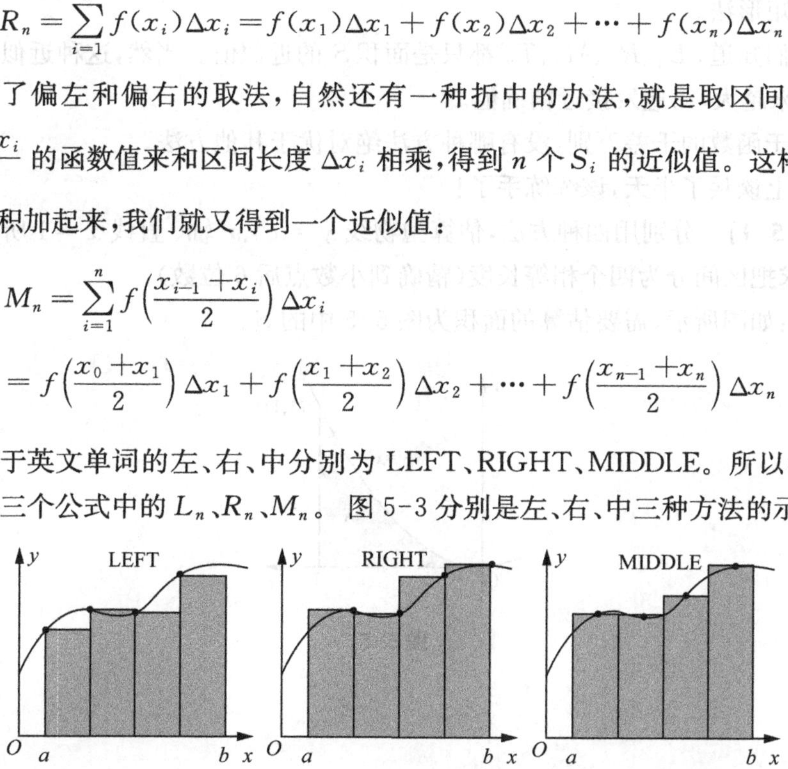

图 5-3

除此之外，还有另一种常用的改良的取法。就是，取每个区间左右两端的高度 $f(x_{i-1})$ 和 $f(x_i)$ 的平均值和区间长度 Δx_i 相乘，得到 n 个 S_i 的近似值。如此，把这 n 个乘积加起来，我们就又得到一个近似值：

$$T_n = \sum_{i=1}^{n}\left[\frac{f(x_{i-1})+f(x_i)}{2}\right]\Delta x_i$$
$$= \frac{f(x_0)+f(x_1)}{2}\Delta x_1 + \frac{f(x_1)+f(x_2)}{2}\Delta x_2 + \cdots + \frac{f(x_{n-1})+f(x_n)}{2}\Delta x_n \tag{5-4}$$

这个方法，显然是把每个 S_i 都当成一个梯形处理了。所以，我们就用英文梯形（Trapezoid）的首字母 T 来表示。示意图见图 5-4。

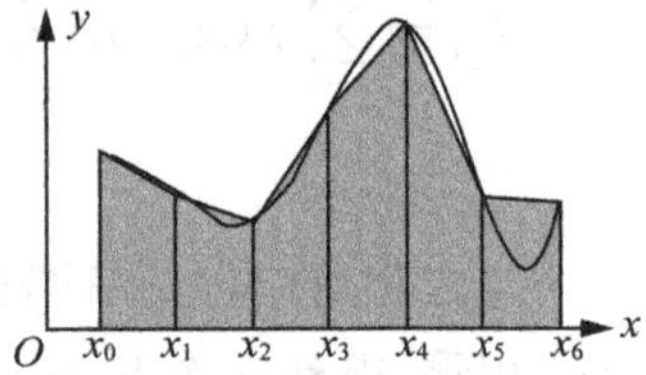

图 5-4

由此，我们有了四种方法来求曲线和 x 轴之间的面积。四大方法，依次是左侧法、右侧法、中点法和梯形法。这四种方法，除了梯形法，其余三个其实都是矩形法。

我们知道，L_n、R_n、M_n、T_n 都只是面积 S 的近似值。当然，这种近似值随着 n 值越来越大，而愈发接近精确值。

由于函数的千差万别，没有哪种方法绝对优于其他方法。

纸上谈兵了半天，该练练手了！

例 5-1） 分别用四种方法，估算抛物线 $y=x^2$、x 轴、直线 $x=1$ 所围的面积，要求把区间分为四个相等长度（精确到小数点后 6 位数）。

解：如图所示，需要估算的面积为图 5-5 中的 S。

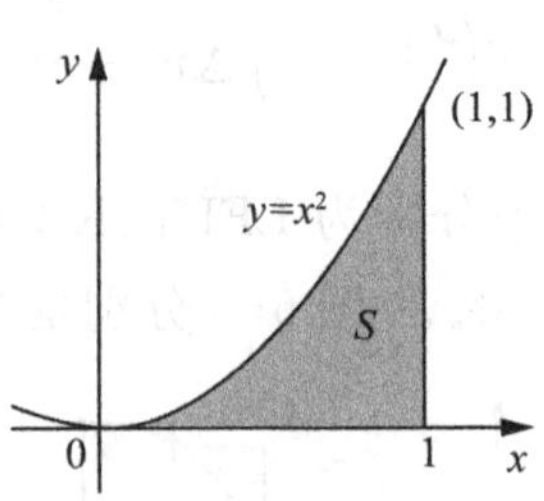

图 5-5

我们把区间分为如下的四个小区间，如图 5-6 所示：

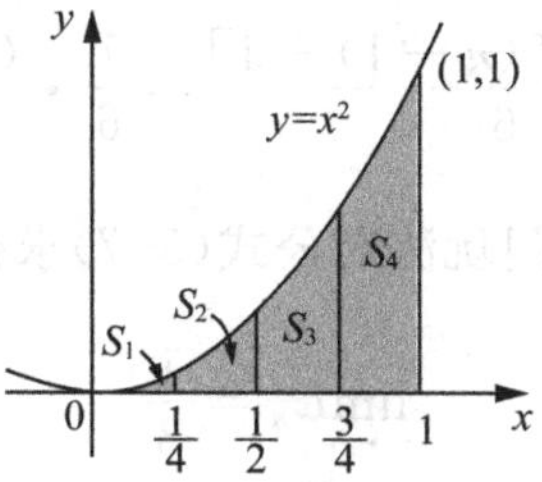

图 5-6

因而，我们有：

$$L_4=\frac{1}{4}\cdot\left[0^2+\left(\frac{1}{4}\right)^2+\left(\frac{2}{4}\right)^2+\left(\frac{3}{4}\right)^2\right]=0.218\ 750$$

$$R_4=\frac{1}{4}\cdot\left[\left(\frac{1}{4}\right)^2+\left(\frac{2}{4}\right)^2+\left(\frac{3}{4}\right)^2+\left(\frac{4}{4}\right)^2\right]=0.468\ 750$$

$$M_4=\frac{1}{4}\cdot\left[\left(\frac{1}{8}\right)^2+\left(\frac{3}{8}\right)^2+\left(\frac{5}{8}\right)^2+\left(\frac{7}{8}\right)^2\right]=0.328\ 125$$

$$T_4=\frac{1}{2}\cdot\frac{1}{4}\cdot\left[0^2+2\left(\frac{1}{4}\right)^2+2\left(\frac{2}{4}\right)^2+2\left(\frac{3}{4}\right)^2+1\right]=0.343\ 750$$

由于函数 $y=x^2$ 在区间[0, 1]是增函数，所以 L_4 偏小、R_4 偏大。至于另外两个估算值，哪个更靠谱，现在不得而知。

按照我们最朴素的想法，在估算面积的时候，区间分得越密，精确度自然越高。那什么时候最高呢？自然是区间数 n 趋于无穷大的时候，算出来的值完全可以当成 S。

我们已经知道各种极限的求法了，这个区间数趋于无穷大的想法自然难不倒我们。我们试着对以上四个估算值，求一下区间数 n 趋于无穷大时的极限，来看看会发生什么。

不难发现：

$$L_n=\frac{1}{n}\left[\left(\frac{0}{n}\right)^2+\left(\frac{1}{n}\right)^2+\left(\frac{2}{n}\right)^2+\cdots+\left(\frac{n-1}{n}\right)^2\right]=\frac{1}{n^3}\sum_{i=0}^{n-1}i^2 \qquad (5\text{-}5)$$

对公式(5-5)运用一下下面的初等数学公式：

$$\sum_{i=1}^{m}i^2=1^2+2^2+\cdots+m^2=\frac{m(m+1)(2m+1)}{6} \qquad (5\text{-}6)$$

即可得到：

$$L_n=\frac{1}{n}\left[\left(\frac{0}{n}\right)^2+\left(\frac{1}{n}\right)^2+\left(\frac{2}{n}\right)^2+\cdots+\left(\frac{n-1}{n}\right)^2\right]=\frac{1}{n^3}\sum_{i=0}^{n-1}i^2$$

$$=\frac{1}{n^3}\cdot\frac{(n-1)n[2(n-1)+1]}{6}=\frac{1}{6}\cdot\frac{(n-1)n(2n-1)}{n^3} \tag{5-7}$$

用我们在第二章教的独门玩法对公式(5-7)求极限，口算就可以得到：

$$\lim_{n\to\infty}L_n=\frac{1}{3} \tag{5-8}$$

我们再对 R_n 做同样的操作，立刻可以得到：

$$R_n=\frac{1}{n}\left[\left(\frac{1}{n}\right)^2+\left(\frac{2}{n}\right)^2+\cdots+\left(\frac{n}{n}\right)^2\right]=\frac{1}{n^3}\sum_{i=1}^{n}i^2$$

$$=\frac{1}{n^3}\cdot\frac{n(n+1)(2n+1)}{6}=\frac{1}{6}\cdot\frac{n(n+1)(2n+1)}{n^3} \tag{5-9}$$

对公式(5-9)求极限，同样可以得到：

$$\lim_{n\to\infty}R_n=\frac{1}{3} \tag{5-10}$$

现在，我们对左侧法和右侧法得到的结果分别求极限，得到了同样的结果——$\frac{1}{3}$！由于函数 $y=x^2$ 在区间$[0, 1]$是增函数，所以精确值 S 始终介于 L_n 和 R_n 之间。

即：
$$L_n<S<R_n$$

因而在极限情形下，只能有一个结果，那就是：

$$S=\frac{1}{3}$$

现在再回头看一下：分为四个区间的话，尽管 L_4 和 R_4 和精确值偏差较大，但是另外两个值和精确值相差相当小。

至此，四种方法中的左右两侧的估算法，得到了相同的极限值。我们自然非常期待中点法和梯形法也得到相同的结果。前进！

$$M_n=\frac{1}{n}\left[\left(\frac{1}{2n}\right)^2+\left(\frac{3}{2n}\right)^2+\cdots+\left(\frac{2n-1}{2n}\right)^2\right]$$

$$=\frac{1}{4n^3}[(4\cdot 1^2-4\cdot 1+1)^2+(4\cdot 2^2-4\cdot 2+1)^2+\cdots+(4\cdot n^2-4n+1)^2]$$

$$=\frac{1}{4n^3}[4(1^2+2^2+\cdots+n^2)-4(1+2+\cdots+n)+(1+1+\cdots+1)]$$

$$=\frac{1}{4n^3}\left[4\cdot\frac{n(n+1)(2n+1)}{6}-4\cdot\frac{n(n+1)}{2}+n\right] \tag{5-11}$$

又该求极限了。也就是说，极限问题必杀技又可以派上用场了。我们的方法是：右边括号里的后两项直接拿掉、第一项分子上的两个常数 1 忽略不计。即：

$$\lim_{n\to\infty}M_n=\lim_{n\to\infty}\frac{4\cdot 2n^3}{4n^3\cdot 6}=\frac{1}{3} \tag{5-12}$$

就剩下梯形法的 T_n 了！继续，请注意：

$$T_n=\frac{1}{2}\cdot\frac{1}{n}\left[\left(\frac{0}{n}\right)^2+2\left(\frac{1}{n}\right)^2+2\left(\frac{2}{n}\right)^2+\cdots+2\left(\frac{n-1}{n}\right)^2+2\left(\frac{n}{n}\right)^2\right]$$

$$=\frac{1}{2}\cdot\frac{1}{n}\left\{\left[\left(\frac{0}{n}\right)^2+\left(\frac{1}{n}\right)^2+\cdots+\left(\frac{n-1}{n}\right)^2\right]+\left[\left(\frac{1}{n}\right)^2+\left(\frac{2}{n}\right)^2+\cdots+\left(\frac{n}{n}\right)^2\right]\right\}$$

$$=\frac{1}{2}(L_n+R_n) \tag{5-13}$$

看清楚了吧？所谓梯形法，其实就是左侧法和右侧法的平均啊！当然，T_n 的极限也是 L_n 和 R_n 极限的平均。我们自然就有：

$$\lim_{n\to\infty}T_n=\frac{1}{3} \tag{5-14}$$

至此，我们成功地解决了一个小问题。通过求 $y=x^2$ 和 x 轴、直线 $x=1$ 所围的面积得出了这样的结论：不管是左侧法、右侧法、中点法或者梯形法，在 n 趋于无穷大时，估算值的极限值相同，都等于精确值。

我们再把图 5-2 拿过来看一下：

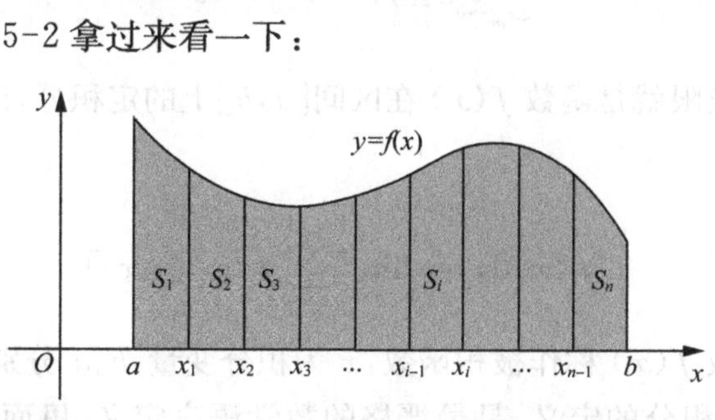

图 5-2

我们在估算小区间的面积 S_i 时，既然左、中、右的选点，极限结果都一样。为了使结论更有普遍性，当然可以选取区间 $[x_{i-1}, x_i]$ 上的任意一点的函数值，用它和区间长度 Δx_i 相乘来估算 S_i 的值，如图 5-7 一样来选取每个子区间的高度。

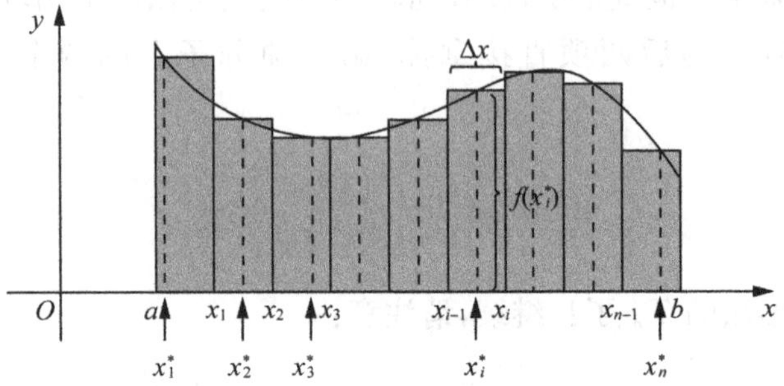

图 5-7

当区间无限加密的时候，所有小矩形的面积 S_i 之和，即所有的 x_i^* 和 Δx_i 乘积的和的极限值，就应该是唯一的，这个值就是面积 S 的精确值。

千回百转，我们终于来到了定积分的门前：

定积分定义

设函数 $y=f(x)$ 在区间$[a,b]$有定义，对此区间做任意分割：$a=x_0<x_1<x_2<\cdots<x_n=b$，

令 $\Delta x_i = x_{i+1}-x_i$，$\max\{\Delta x_i\}=\Delta x_m$，$x_i \leqslant x_i^* \leqslant x_{i+1}(i=0,1,\cdots,n-1)$，即 x_i^* 为区间$[x_i, x_{i+1}]$内任意一点，如果极限：

$$\lim_{\Delta x_m \to 0}\left[\sum_{i=0}^{n-1} f(x_i^*)\Delta x_i\right]$$

存在，那么这个极限就是函数 $f(x)$ 在区间$[a,b]$上的定积分，记作 $\int_a^b f(x)\mathrm{d}x$。即：

$$\int_a^b f(x)\mathrm{d}x = \lim_{\Delta x_m \to 0}\left[\sum_{i=0}^{n-1} f(x_i^*)\Delta x_i\right] \tag{5-15}$$

上式中，函数 $f(x)$ 称作被积函数，x 为积分变量，b、a 分别为积分上下限。

上面这个定积分的定义，是最严格的数学语言定义，里面有几个关键的条件，非常必要但又不好掌握，比如：区间如何划分、点 x_i^* 如何选取、怎样理解

Δx_m 等。

可以说，这个定义对很多人来说，就像那个函数极限的定义一样，并不友好。

图 5-8 黎曼

这个定义是德国数学家黎曼(Riemann)在 19 世纪给出的，一直沿用至今。这个定义涉及一系列小矩形的面积和，形式如下：

$$\sum_{i=0}^{n-1} f(x_i^*)\Delta x_i = f(x_0^*)\Delta x_0 + f(x_1^*)\Delta x_1 + \cdots + f(x_{n-1}^*)\Delta x_{n-1} \tag{5-16}$$

这种形式的和叫作黎曼和。

面对这么高冷的定义，该如何好好玩耍呢？自然是想找一个平易近人的定义啰。式(5-15)的定义之所以不好玩，主要是太复杂：既要注意区间分法，还要在每个区间选点，还要求极限。所以，新的定义必须简单！

请注意，式(5-15)的诸多条件中，最重要的就是一条，那就是：$\Delta x_m \to 0$。这一条就保证了小区间的数目是趋于无限大的。任何新的分法，都必须确保这一点。

既然是区间的分法和区间代表点不好选取，那就省点事，让所有的区间长度相等、区间代表点的选取模式固定呗！

幸好，这么干是站得住脚的。

定积分定义(学生友好型)

设函数 $y = f(x)$ 在区间$[a,b]$有定义，把此区间分成 n 个相等的子区间，令：

$$a=x_0<x_1<x_2<\cdots<x_n=b,$$

为子区间的端点，x_i^l、x_i^r、x_i^m 分别为第 i 个子区间的左端点、右端点和中点，令 $\Delta x=\frac{b-a}{n}$ 。只要下列三个极限（排名不分先后）：

$$\lim_{n\to\infty}\sum_{i=1}^{n}[f(x_i^l)\Delta x_i]$$

$$\lim_{n\to\infty}\sum_{i=1}^{n}[f(x_i^r)\Delta x_i]$$

$$\lim_{n\to\infty}\sum_{i=1}^{n}[f(x_i^m)\Delta x_i]$$

中的任意一个存在，那么这个极限就被定义为函数 $y=f(x)$ 在区间$[a,b]$上的定积分，记作 $\int_a^b f(x)\mathrm{d}x$。

即：

$$\lim_{n\to\infty}\sum_{i=1}^{n}[f(x_i^l)\Delta x_i]=\int_a^b f(x)\mathrm{d}x \tag{5-17}$$

$$\lim_{n\to\infty}\sum_{i=1}^{n}[f(x_i^r)\Delta x_i]=\int_a^b f(x)\mathrm{d}x \tag{5-18}$$

$$\lim_{n\to\infty}\sum_{i=1}^{n}[f(x_i^m)\Delta x_i]=\int_a^b f(x)\mathrm{d}x \tag{5-19}$$

之所以写三个极限，是用不着再费篇幅整出三个定义了。三合一，想用哪个用哪个，哪个方便用哪个。只要定积分存在，用黎曼左和、黎曼右和、黎曼中点和是等价的。

定积分概念有了，定义也友好了，但真要是每次求个定积分，都得分段，然后求极限，那能把人愁死！

想找捷径，我们得再好好观察一下定积分。

5.2 定积分的标准玩法

对定积分一头雾水的我们，好歹也算是进了微积分的大门了。看看我们学过的小趋势（导数）等能不能用得上，这是最正常的想法。

既然讨论的是面积问题，总得想想看有没有能和面积挂上钩的函数。

在函数 $y=f(x)$ 在区间$[a,b]$上的积分存在的情况下，如果不是计算整个区间上的面积，而是任取一个区间内的点 x 来说事儿，那么函数 $y=f(x)$ 在区间$[a,x]$上的面积就成为 x 的函数，如果把这个新函数记为：$g(x)$，如图 5-9 所示，按照新学的定积分定义就有：

$$g(x)=\int_a^x f(t)\mathrm{d}t \tag{5-20}$$

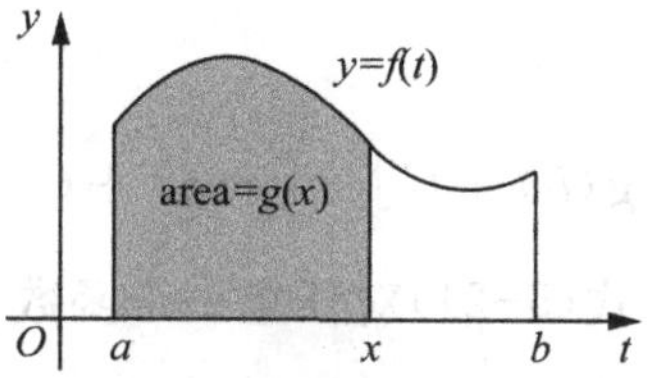

图 5-9

由定义式(5-20)，我们可以得到 $g(x)$ 的两个端点值：

$$g(a)=0\ ,\ g(b)=\int_a^b f(x)\mathrm{d}x$$

上面的式子完全可以写成：

$$\int_a^b f(x)\mathrm{d}x=g(b)-g(a) \tag{5-21}$$

现在，让我们仔细研究一下这个新函数 $g(x)$ 的小趋势如何。

直接用导数的定义式，我们得到：

$$g'(x)=\lim_{h\to 0}\frac{f(x+h)-f(x)}{h} \tag{5-22}$$

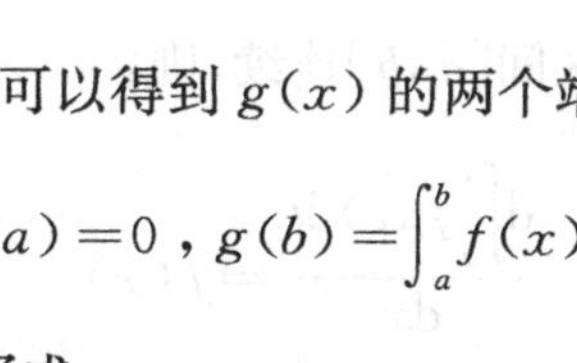

图 5-10

式(5-22)要求的极限，就是图 5-10 当中的阴影部分的面积和区间长度 h

之比的极限。很显然，当函数 $f(x)$ 为连续函数时，这个极限就等于 $f(x)$ 。即：

$$g'(x)=f(x) \tag{5-23}$$

水落石出！原来，面积函数 $g(x)$ 是函数 $f(x)$ 的反导数。

我们知道，所谓函数的反导数，指的不是一个单一函数，而是一组函数，这一组函数之间的差别就是一个常数 C。

假设函数 $h(x)$ 也是 $f(x)$ 的一个反函数，必有：

$$h(x)=g(x)+C(C\text{ 为常数})$$

因而：

$$h(b)-h(a)=[g(b)+C]-[g(a)+C]=g(b)-g(a)$$

由上式我们可以断定，式(5-21)对任意一个函数 $f(x)$ 的反导数都成立。

微积分基本定理

如果函数 $y=f(x)$ 在区间$[a,b]$连续，则：

$$\frac{\mathrm{d}\int_a^x f(t)\mathrm{d}t}{\mathrm{d}x}=f(x) \tag{5-24a}$$

$$\int_a^b f(x)\mathrm{d}x=g(b)-g(a) \tag{5-24b}$$

其中，函数 $g(x)$ 是函数 $f(x)$ 的任意一个反导数。

公式(5-24b)中的右端，我们常常用另一种表达式来表示：

$$g(b)-g(a)=g(x)\,\Big|_a^b \tag{5-24c}$$

求函数 $y=f(x)$ 在区间$[a,b]$上的定积分，不用那么辛苦地反复求极限了。只需要找到被积函数 $f(x)$ 的一个反导数 $g(x)$，这个反导数在区间的净变化 $\Delta g=g(b)-g(a)$ 就是要求的定积分。

现学现用：再来看一下例 5-1)。不就是求函数 $y=x^2$ 在区间$[0,1]$上的定积分嘛，我们早就知道 $\frac{1}{3}x^3$ 就是 x^2 的最简单的反导数。所以

$$s=\int_0^1 x^2\mathrm{d}x=\left(\frac{1}{3}x^3\right)\Big|_0^1=\frac{1}{3}$$

简单！

微积分基本定理，是指导我们徜徉微积分世界的纲领性定理。现在，让我们沿着这个定理产生的路径，加深一下学习体会。

注意：这很重要！

1）伟大的中文翻译——积分

定积分的内涵，完全可以从中文字面上的“积”和“分”来分别理解。

按照最数学的定义，定积分是由形如式(5-16)中的黎曼和，求极限得来的。这里的“积”，本身就有两层含义，第一是要求极限的黎曼和的每一项，都是子区间的长度和函数在子区间上一点的函数值的乘积；其次，这些乘积又要累积起来做成一个和。

“分”的含义：这种黎曼和产生的基础，就是把要求积分的区间，分成若干个子区间。子区间的宽度越小，黎曼和的精度越高。最后，区间无限细分之后，区间宽度达到微分的程度，黎曼和的极限值产生的同时，定积分诞生了。

积分的英文原词是 Integral，原词根的意思是完整、不可或缺。引申的意思是累积。既没有乘积的意思，也没有分的意思。

虽然积分的概念是西方的数学家们花了几百年的时间琢磨出来的，但是中文的积分比英文的原词 Integral 更完美地诠释了积分的本源内涵。

只有当 Integral 被翻译成了中文，把“积”和“分”这两个意思相对的词有机结合后，积分这个词才完美地呈现了 Integral 本来应有却没有的内涵。

为博大精深的中文自豪，向创造“积分”一词的李善兰大师致敬！

2）黎曼和演变为积分的故事

再写一遍黎曼和：

$$\sum_{i=0}^{n-1} f(x_i^*)\Delta x_i = f(x_0^*)\Delta x_0 + f(x_1^*)\Delta x_1 + \cdots + f(x_{n-1}^*)\Delta x_{n-1} \tag{5-16}$$

黎曼和向定积分的演变过程，其实就是把区间长度微分后向 0 进化的过程。对于连续函数，区间长度微分后，每个子区间的宽度，几乎无区别，都可简单地以 $\mathrm{d}x$ 代替。

于是，式(5-16)的右端，就演变成了：

$[f(x_0^*)+f(x_1^*)+\cdots+f(x_{n-1}^*)]\mathrm{d}x$，至此，黎曼和就成了微分因子 $\mathrm{d}x$ 和从区间左端点到右端点的函数值之和的积。

为了精确，必须让区间无限加密，也就是这个式子中的 $\mathrm{d}x \to 0$ 和 $n \to \infty$ 同时发生。

我们用一个英文和(Sum)的首字母 S 来表示这无限个 $f(x_i)$ 加起来的意思。也许是为了表示这个 S 的与众不同，也许是为了表示需要加起来的项目较多，也许是因为这个问题耗费太多数学家的精力，最后，把 S 拉成了苗条的积分符号再配上 $\mathrm{d}x$，就成了 $\int f(x)\mathrm{d}x$ 。

这就是“臃肿”的黎曼和向“漂亮”的定积分蜕变的过程。

所以说，在以后分析类似问题的时候，可以把要考察的事物分成宽度为 $\mathrm{d}x$ 的微区间来分析。只要能凑成有 $\mathrm{d}x$ 参与的黎曼和，定积分就诞生了。

3) 积分可正可负

虽然是由面积问题引出的积分问题，但是在整个定积分概念的演变过程，我们始终假设的是函数 $f(x)$ 的图形位于 x 轴上方，由此得出的黎曼和以及定积分，自然是正数。

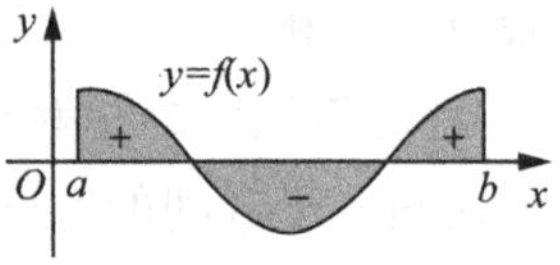

图 5-11

反过来，如果函数图形有上有下，如图 5-11 所示。这个函数的黎曼和中，有一部分的函数值是负的。如此一来，按照黎曼和求出来的积分，一定是图中两个正的部分的面积之和，减去负的部分的面积，也就是所谓的“净面积”。请注意，这个结果有可能是负的。

4) 积分上下限对调，定积分值变号

在式(5-16)的黎曼和中，由于是从 a 到 b 积分，因此 x 方向的增量 Δx_i 始终为正。但是如果反过来从 b 到 a 积分，所有 x 方向的增量必然为负。所以我们就有：

$$\int_a^b f(x)\mathrm{d}x = -\int_b^a f(x)\mathrm{d}x \qquad (5-25)$$

当然，式(5-25)也可由微积分基本定理中的式(5-24b)直接导出。

对于积分区间对称的积分，式(5-24b)还有一个副产品，就是“偶倍奇零”也就是：

$$\int_{-a}^a f(x)\mathrm{d}x = 2\int_o^a f(x)\mathrm{d}x,\ f(x)\text{ 是偶函数} \qquad (5-25a)$$

$$\int_{-a}^a f(x)\mathrm{d}x = 0,\ f(x)\text{ 是奇函数} \qquad (5-25b)$$

也就是说，偶函数在对称区间的积分，等于在一半区间积分的 2 倍，而奇函数在对称区间的积分为 0。

5）三点间的积分公式

由微积分基本定理还可导出：

$$\int_a^c f(x)\mathrm{d}x+\int_c^b f(x)\mathrm{d}x=\int_a^b f(x)\mathrm{d}x \tag{5-26}$$

6）关于可积分函数

我们已经知道连续函数肯定是可以积分的，由积分的导出过程及微积分基本定理可知，即使一个函数有几个不连续点，也不影响函数的可积分性。事实上，有限个断点的连续函数，只要有界，依然是可积分函数。

那么，无界函数呢？那叫广义积分，我们后边会讲。

7）由链式法则求变上限定积分的导数

这个简单，根据链式法则和公式(5-24a)，立刻有：

$$\because \frac{\mathrm{d}\int_a^x f(t)\mathrm{d}t}{\mathrm{d}x}=f(x)$$

$$\therefore \frac{\mathrm{d}\int_a^{u(x)} f(t)\mathrm{d}t}{\mathrm{d}x}=f(u(x))\cdot\frac{\mathrm{d}u}{\mathrm{d}x} \tag{5-27}$$

例 5-2） 已知 $f(x)=\int_1^{\sin^2 x}\sqrt[3]{4t^2}\,\mathrm{d}t$，求 $f'(x)$。

解：根据式(5-27)，我们可得：

$$\begin{aligned}f'(x)&=(\sin^2 x)'\sqrt[3]{4(\sin^2 x)^2}\\&=2\sin x\cos x\sqrt[3]{4\sin^4 x}\\&=2\sqrt[3]{4}\sin^2 x\cos x\sqrt[3]{\sin x}\end{aligned}$$

8）积分规则面前，“函函平等”——换元积分法(Intergration by Substitution)

在式(5-16)的黎曼和中，即使积分变量 x 不是简单变量，而是函数，只要黎曼和中相应的乘积，也是这个函数的复合函数，那么积分形式不变，也就是说：

$$\int_a^b f(g(x))g'(x)\mathrm{d}x=\int_a^b f(g(x))\mathrm{d}g(x)=\int_{g(a)}^{g(b)} f(t)\mathrm{d}t \tag{5-28}$$

例 5-3） 证明式(5-28)。

证明：假设 $F(x)$ 为函数 $f(x)$ 的一个反导数，即：

$$\frac{\mathrm{d}F(x)}{\mathrm{d}x}=f(x)$$

由复合函数求导法则，我们知道：

$$\frac{\mathrm{d}F[g(x)]}{\mathrm{d}x}=\frac{\mathrm{d}F[g(x)]}{\mathrm{d}[g(x)]}\cdot\frac{\mathrm{d}[g(x)]}{\mathrm{d}x}=f(g(x))\cdot g'(x)$$

上式中的右边恰巧是我们要证明的公式的被积函数。这就说明 $F[g(x)]$ 就是 $f(g(x))\cdot g'(x)$ 的反导数，因此根据微积分基本定理(5-24b)，立刻得到：

$$\int_a^b f(g(x))g'(x)\mathrm{d}x=F[g(b)]-F[g(a)] \tag{5-29}$$

由于 $F(x)$ 为函数 $f(x)$ 的一个反导数，再次根据微积分基本定理可知：

$$\int_{g(a)}^{g(b)} f(t)\mathrm{d}t=F[g(b)]-F[g(a)] \tag{5-30}$$

综合式(5-29)、式(5-30)之后，式(5-28)得证。

当然，式(5-28)成立的条件是，复合函数 $F[g(x)]$ 和 $g(x)$ 都是连续函数。

以上所介绍的就是传说中的换元积分法，此法非常广泛地应用于积分运算中，所以应非常熟悉。

我们接下来再做两个例题熟悉一下换元积分。

例 5-4) 求下列定积分的值：

$$\int_0^1 2x\sqrt{x^2+3}\,\mathrm{d}x$$

解：令 $u(x)=x^2+3$，则 $u'(x)=2x$，同时：

$$\begin{cases}u(0)=3\\u(1)=4\end{cases}$$

因而我们有：

$$\int_0^1 2x\sqrt{x^2+3}\,\mathrm{d}x=\int_0^1\sqrt{u(x)}\,u'(x)\mathrm{d}x=\int_{u(0)}^{u(1)}\sqrt{u}\,\mathrm{d}u$$

$$=\int_3^4\sqrt{u}\,\mathrm{d}u=\left[\frac{2}{3}u^{\frac{3}{2}}\right]\Bigg|_3^4=\frac{16-6\sqrt{3}}{3}$$

从这个例题的解题过程中，可以看出，替换积分元是为了计算简单、容易。所以替换的目标首选那些根号里面的东西，因为根号里面的东西不容易计算。再来看一个例题。

例 5-5) 求定积分 $\int_1^4(x^2+1)\sqrt{x+5}\,\mathrm{d}x$，精确到小数点后两位数。

解：令 $u(x)=x+5$，则 $\mathrm{d}x=\mathrm{d}u$，且：

$$\begin{cases} u(1)=6 \\ u(4)=9 \end{cases}$$

所以：

$$\int_1^4 (x^2+1)\sqrt{x+5}\,\mathrm{d}x = \int_6^9 [(u-5)^2+1]u^{\frac{1}{2}}\,\mathrm{d}u$$

$$= \int_6^9 (u^{\frac{5}{2}} - 10u^{\frac{3}{2}} + 26u^{\frac{1}{2}})\,\mathrm{d}u = \left(\frac{2}{7}u^{\frac{7}{2}} - 10 \cdot \frac{2}{5}u^{\frac{5}{2}} + 26 \cdot \frac{2}{3}u^{\frac{3}{2}}\right)\Bigg|_6^9$$

$$=67.67$$

5.3 广义积分(Improper Integral)

相对于上一节定积分中规中矩的玩法，本节讲述的广义积分就是非正常的定积分。

首先，再来瞅一眼定积分：$\int_a^b f(x)\mathrm{d}x$ 。在这个定积分里，积分的上下限 b、a 都是看得见摸得着的数字，被积函数 $f(x)$ 也在整个区间 $[a,b]$ 连续同时有界。但是，一旦这些正常的条件发生了变化，新故事就发生了。

请看一下这两个积分：

$$\int_1^{\infty} \mathrm{e}^{-x}\,\mathrm{d}x \tag{5-31}$$

$$\int_0^1 \frac{1}{x}\,\mathrm{d}x \tag{5-32}$$

在式(5-31)中，无穷大为积分上限。而式(5-32)中，被积函数在积分区间内有一个不可移除的不连续点 0，在 0 点左右，该函数无界。

这两种形式的积分，统称广义积分，英文是 Improper Integral，就是反常积分的意思。中国的数学家们，更进一步把式(5-31)那样的积分叫作无穷积分，把式(5-32)那样积分区间有瑕疵点的积分叫作瑕积分。

收拾有无穷大参与的局面，从我们的“工具箱”里拿出来的“家伙事儿”，永远是极限。所以，

$$\int_a^{\infty} f(x)\,\mathrm{d}x = \lim_{b\to\infty}\left[\int_a^b f(x)\,\mathrm{d}x\right] \tag{5-33}$$

同样，对于瑕积分，如果瑕疵点是积分上限，我们就有：

$$\int_a^b f(x)\mathrm{d}x = \lim_{c\to b^-}\left[\int_a^c f(x)\mathrm{d}x\right] \tag{5-34}$$

如果瑕疵点是积分下限，我们就有：

$$\int_a^b f(x)\mathrm{d}x = \lim_{c\to a^+}\left[\int_c^b f(x)\mathrm{d}x\right] \tag{5-35}$$

既然是极限，就存在两种可能性：存在或不存在。如果极限存在，我们就说该广义积分收敛(Convergent)，反之就说该广义积分发散(Divergent)。

例 5-6) 求广义积分 $\int_1^{\infty} \mathrm{e}^{-x}\mathrm{d}x$。

解：对这种问题，没什么好说的，直接用式(5-33)！

$$\int_1^{\infty} \mathrm{e}^{-x}\mathrm{d}x = \lim_{b\to\infty}\int_1^b \mathrm{e}^{-x}\mathrm{d}x$$

对上式换元：令 $u=-x$，则 $\mathrm{d}u=-\mathrm{d}x$，于是：

$$\int_1^{\infty} \mathrm{e}^{-x}\mathrm{d}x = \lim_{b\to\infty}\int_1^b \mathrm{e}^{-x}\mathrm{d}x = \lim_{b\to\infty}\left[-\int_{-1}^{-b}\mathrm{e}^{u}\mathrm{d}u\right] = \lim_{b\to\infty}(\mathrm{e}^{-1}-\mathrm{e}^{-b}) = \frac{1}{\mathrm{e}}$$

所以说，式(5-31)的广义积分收敛。

例 5-7) 求广义积分：$\int_0^1 \frac{1}{x}\mathrm{d}x$。

解：用式(5-35)，得到：

$$\int_0^1 \frac{1}{x}\mathrm{d}x = \lim_{t\to 0^+}\int_t^1 \frac{1}{x}\mathrm{d}x = \lim_{t\to 0^+}(\ln 1 - \ln t) = \infty$$

由此可见，式(5-32)的广义积分是发散的。

再玩一道题目，找找感觉。

例 5-8) 计算广义积分 $\int_1^{\infty} x^{-\frac{3}{2}}\mathrm{d}x$。

解：用式(5-33)得到：

$$\int_1^{\infty} x^{-\frac{3}{2}}\mathrm{d}x = \lim_{b\to\infty}\left[\int_1^b x^{-\frac{3}{2}}\mathrm{d}x\right] = \lim_{b\to\infty}\left(2-\frac{2}{\sqrt{b}}\right) = 2$$

打扫一下战场，做点习题，我们准备进军下一章。

练习五

5-1）函数 $f(x)$ 图形如下，

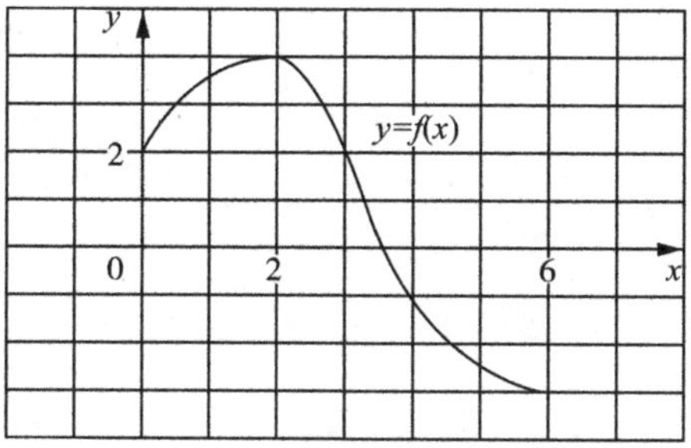

分别用 L_6, R_6, M_6 三种黎曼和来估算 $\int_0^6 f(x)\mathrm{d}x$。

5-2）计算下列定积分：

(1) $\int_1^7 \frac{x^3-2x^2+1}{\sqrt{x}}\mathrm{d}x$；　　(2) $\int_0^1 x(x^2+3)^4\mathrm{d}x$；

(3) $\int_0^{\frac{\pi}{6}} \sec 3x \tan 3x\,\mathrm{d}x$；　　(4) $\int_{-\pi/4}^{\pi/4} \frac{t^2\tan t}{1+\cos t}\mathrm{d}t$；

(5) $\int_0^3 |x^2-1|\,\mathrm{d}x$。

5-3）求下列函数的导数 $f'(x)$：

(1) $f(x)=\int_1^x \frac{t^4}{1+t^3}\mathrm{d}t$；　　(2) $f(x)=\int_{\sin t}^1 t\sqrt{1+t}\,\mathrm{d}t$；

(3) $f(x)=\int_{\sqrt{x}}^{\ln x} t^2(1+t)^2\mathrm{d}t$；　　(4) $f(x)=\int_1^9 \sqrt{x^2+1}\,\mathrm{d}x$。

5-4）判别下列广义积分是否收敛：

1) $\int_{-\infty}^0 \frac{1}{3-2x}\mathrm{d}x$；　　2) $\int_1^{\infty} \frac{\ln x}{x}\mathrm{d}x$；　　3) $\int_{-2}^0 \frac{1}{x^5}\mathrm{d}x$；

4) $\int_0^4 \frac{1}{x^2-4}\mathrm{d}x$；　　5) $\int_0^2 x^2\ln x\,\mathrm{d}x$；　　6) $\int_0^1 \frac{1}{x^3}\mathrm{d}x$。

多才多艺的定积分

第六章

CHAPTER 6

千呼万唤的定积分,一经推出,便给人们带来极大的方便。为什么呢?因为它能解决的问题实在是太多了!用它可以计算面积、体积(常截面以及变截面立方体)、旋转体的表面积、曲线的精确长度、函数的平均值、物体的质心、做功、收费问题等。

我们已经在上一节见识过定积分的诞生过程,并且体会到,只要能把 x 的微增量 Δx 成功引入黎曼和中,定积分就诞生了。这个过程的规范动作就是:

1) 把要研究的曲线问题分成区间宽度为 Δx 的若干子区间,仔细研究一个位于 x 处的代表性单元。

2) 在此单元内,争取把子单元内需要求的东西近似表达成的 x 函数 $f(x)$ 和单元宽度 Δx 的乘积。如此一来,黎曼和就自然生成了。

3) 显然,前一步求出的近似值,随着子区间的加密或者说 Δx 的减小而愈发接近精确值。当然 Δx 趋于零时,精确值产生,精确值就是 $f(x)$ 在此区间上的定积分。

等到你熟悉了标准动作之后,你会发现:定积分是个"神奇筐",啥都能往里面装!

让我们且玩且熟悉吧!

6.1 曲线间的面积问题

这个问题是定积分问题的自然延伸。

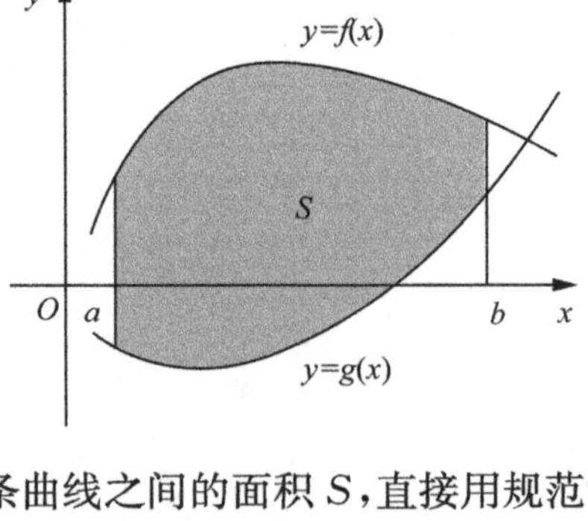

如上图所示,求两条曲线之间的面积 S,直接用规范动作干活即可。

1) 如下图所示,把要求的区间分成宽度为 Δx 的若干子区间,并研究第 i 个子单元。

2) 显然在此单元内,面积可以近似地表达为:

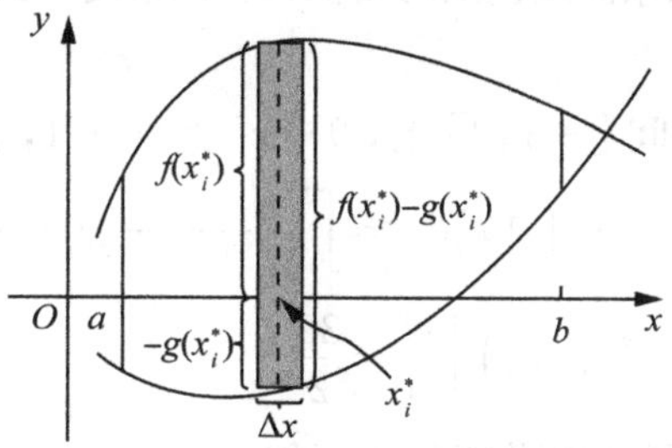

$S_i=[f(x_i^*)-g(x_i^*)]\Delta x$ 或者 $S_i=h(x_i^*)\Delta x$，显然这里的 $h(x)=f(x)-g(x)$，x^* 为单元内任意一点。

3）所以要求的面积 S，公式如下：

$$S=\int_a^b h(x)\mathrm{d}x,h(x)=f(x)-g(x) \tag{6-1}$$

问题解决了吗？解决了。

这么简单？就这么简单！

例 6-1） 求区间 $[0,1]$ 上，曲线 $f(x)=2x^2+1$ 之下，直线 $y=x$ 以上的面积 A。

解：解答本题，连草图都不用画，直接用式(6-1)就行：

$$A=\int_0^1[(2x^2+1)-x]\mathrm{d}x=\int_0^1(2x^2-x+1)\mathrm{d}x$$

$$=\left(\frac{2}{3}x^3-\frac{1}{2}x^2+x\right)\Big|_0^1=\frac{7}{6}$$

实际上，本题求的就是下图中阴影部分的面积。

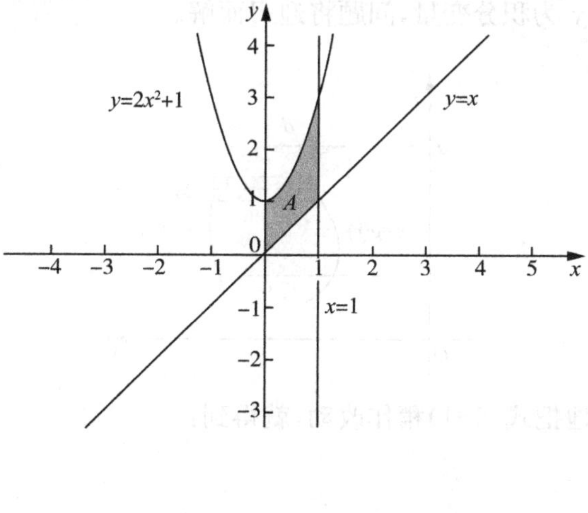

例 6-2） 求以下四条曲线包围的面积A。四条曲线为：$y=x+1, y=9-x^2$，$x=-1, x=2$。

解：不难判断，在区间$[-1,2]$上，$9-x^2>x+1$，所以：

$$A=\int_{-1}^{2}[(9-x^2)-(x+1)]\mathrm{d}x=\int_{-1}^{2}(-x^2-x+8)\mathrm{d}x$$

$$=\left(-\frac{1}{3}x^3-\frac{1}{2}x^2+8x\right)\Big|_{-1}^{2}=\frac{39}{2}$$

如图所示，A 就是图中阴影部分的面积。

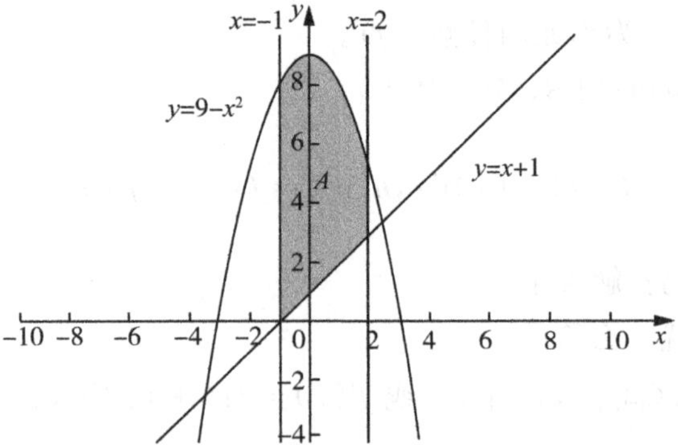

迄今为止，我们所用的积分变量都是 x。

友情提醒一下，我们对 x 所用的一切手段，对 y 也适用。有的时候，求两条曲线之间的面积，把 y 做为积分变量更方便。

比如，当我们的任务是求如下图所示的阴影部分面积 S 的时候，如果仍然沿用老办法，必然遇到新问题。那就是，在做规范动作的第二步的时候，很难找到一个式(6-1)中函数 $h(x)$ 的表达式，所以面积也就不那么好求了。

此时若选用 y 为积分变量，问题将迎刃而解。

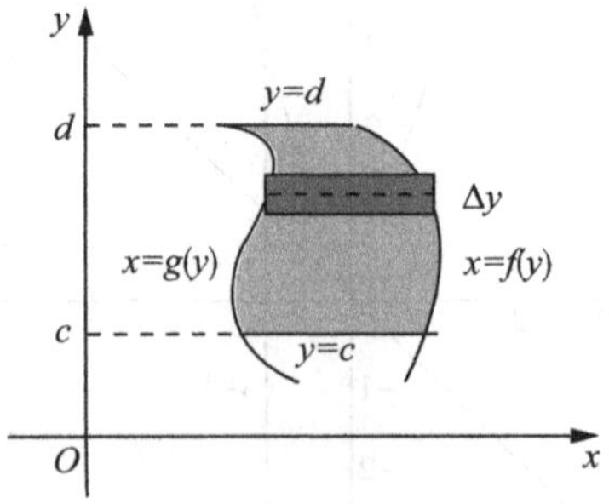

照葫芦画瓢地把式(6-1)稍作改动，就得到：

$$S=\int_c^d h(y)\mathrm{d}y, h(y)=f(y)-g(y) \quad (6\text{-}2)$$

例 6-3) 求直线 $y=x-1$ 和抛物线 $y^2=2x+6$ 包围的面积。

解:不难求出本题中的直线和抛物线的交点分别为$(-1,-2)$和 $(5,4)$,其图形大致如下:

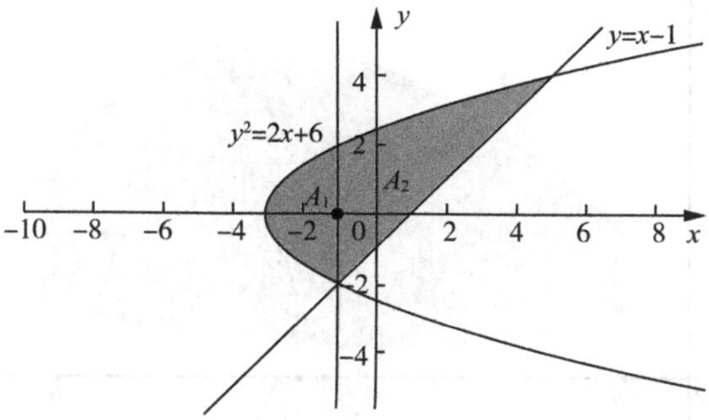

显然,若选用 x 作为积分变量,我们不但需要把面积分为两部分(以 $x=-1$ 为分界线),分别计算 A_1 和A_2,然后加起来,而且在积分函数中还不可避免地出现了我们不想看到的根号!

反之,若选用 y 作为积分变量,任务就变为求 $f(y)=y+1$ 和 $g(y)=0.5y^2-3$ 包围的面积。考虑交点的坐标,我们直接用式(6-2)就得到:

$$A=\int_{-2}^{4}[(y+1)-(0.5y^2-3)]\mathrm{d}y$$

$$=\int_{-2}^{4}\left(-\frac{1}{2}y^2+y-2\right)\mathrm{d}y$$

$$=\left(-\frac{1}{6}y^3+\frac{1}{2}y^2-2y\right)\bigg|_{-2}^{4}$$

$$=18$$

解决了曲线间的面积问题,我们的下一个目标是体积问题。

6.2 体积(Volume)问题

要说体积问题,先复习一个中学学过的关于棱柱体的体积公式:

$$V=Ah(A\text{ 是底面积},h\text{ 是高})$$

我们学过的正方体、长方体、圆柱体、三棱柱、四棱柱等都适合用这个公式来求体积。这些提到的各种棱柱体都有一个共同的特点，那就是上下底面以及所有平行于上下底面的截面都全等。

问题来了，如果有一个立方体，它平行于上下底面的截面是变化的，体积如何求？

要解决这样的问题，还是用定积分的方法：

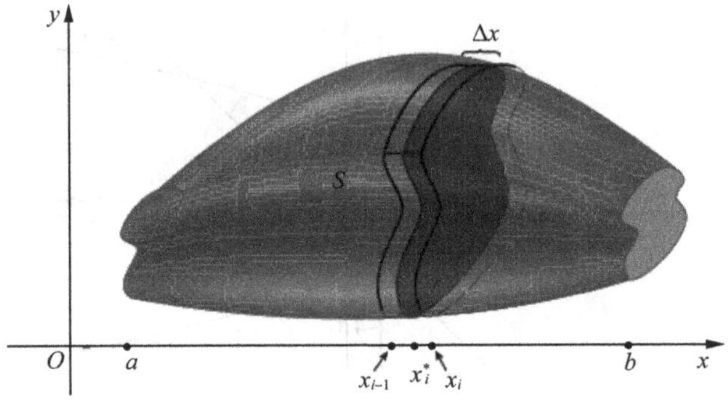

1）如上图所示，要解决这个问题，首先要营造一个我们熟悉的环境：把这个立方体放倒，设垂直于上下底面的高的方向为 x 轴。然后，把立方体沿高度方向切分为若干厚度为 Δx 的小立方体。

2）这样，每一个小立方体的高都是 Δx 。取第 i 个立方体来研究，显然它的体积可以近似表达为：$V_i = A_i^* \Delta x$ ，其中 x_i^* 为小区间 $[x_{i-1}, x_i]$ 上的任意一点，而 A_i^* 则为 x_i^* 处垂直于 x 轴的截面的面积，显然 $\Delta x \to 0$ 时，A_{i-1}、A_i^*、A_i 是一回事儿。

3）因此，有了小区间的体积公式，也就有了黎曼和，于是体积公式应运而生：

$$V = \int_a^b A(x) dx \tag{6-3}$$

其中 $A(x)$ 是立方体在 x 处与 x 轴垂直的截面的面积。

友情提醒：式(6-3)很重要。甚至可以说，有式(6-3)的铺垫，什么样的体积问题都能解决。

例 6-4） 旋转体的体积问题。

函数 $f(x) = \sqrt{x}$ 在区间 $[0,1]$ 上的曲线，绕着 x 轴旋转一周，求如此得到的立方体的体积。

解：函数 $f(x) = \sqrt{x}$ 的图形如下图所示：

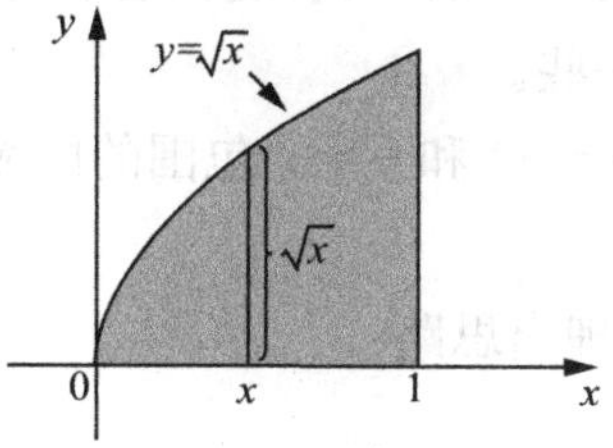

对本题来说，可以直接用式(6-3)。不难想象，函数 $f(x)$ 位于点 x 处的垂直于 x 轴的截面一定是一个圆心在点 $(x,0)$，半径为 y 的圆。所以其截面面积 $A(x)=\pi y^2$，所以：

$$V=\int_0^1 \pi y^2 \mathrm{d}x=\int_0^1 \pi x \mathrm{d}x=\left(\frac{\pi}{2}\right)x^2\Big|_0^1=\frac{\pi}{2}$$

一般来说，对于本题类型的旋转体，式(6-3)就变形为：

$$V=\int_a^b \pi y^2 \mathrm{d}x \qquad (6\text{-}4)$$

借着这股热乎劲儿，再来一个题目。

例 6-5） 求半径为 r 的球体体积。

解：显然，任何过球心的平面和球体的截面都是一个圆心在球心、半径为 r 的圆。以这个圆心为原点，建立 $y-x$ 平面坐标系，可见这个圆的上半部如下图所示。

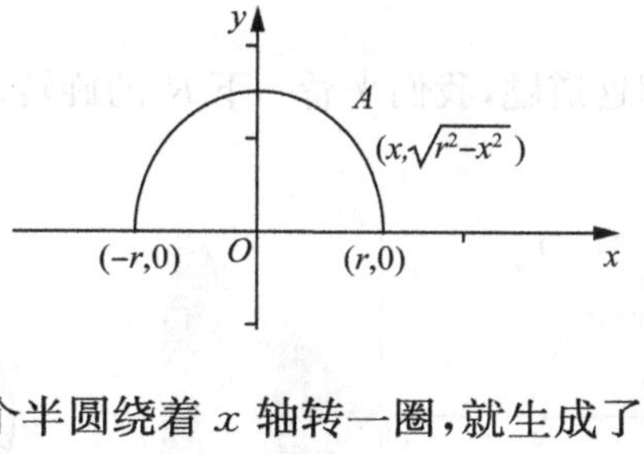

不难发现，图中这个半圆绕着 x 轴转一圈，就生成了一个半径为 r 的球体，所以该球体的体积完全可以用式(6-4)直接计算，又因为这个半圆是偶函数，所以我们有：

$$V=\int_{-r}^{r}\pi y^2 \mathrm{d}x=2\int_0^r \pi(\sqrt{r^2-x^2})^2 \mathrm{d}x$$

$$=2\pi\int_0^r (r^2-x^2)\mathrm{d}x=2\pi\left(r^2x-\frac{1}{3}x^3\right)\Big|_0^r=\frac{4}{3}\pi r^3$$

这个我们以前觉得挺高大上的公式，现在居然可以推导了，开心！

下面的例题就更深入一些。

例 6-6） 求：被曲线 $y=x^2$ 和 $y=x$ 包围的区域R 绕 x 轴旋转生成的旋转体的体积。

解：先画出曲线的草图理出思路：

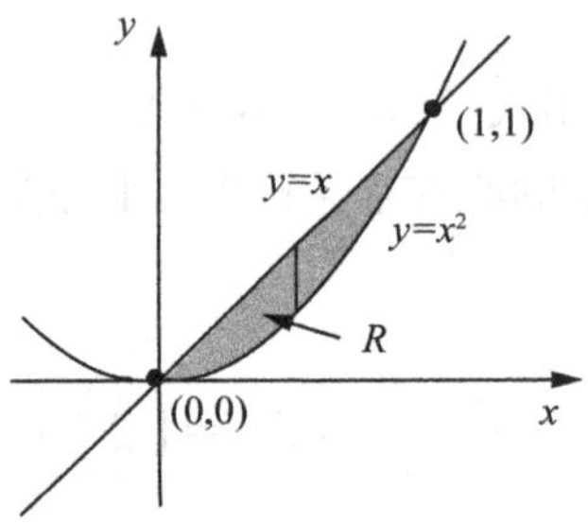

由上图可见，这是一个以 $y=x$ 为上轨、以 $y=x^2$ 为下轨的不规则区域。要是求它的面积，我们没问题。可要是这个区域绕着 x 轴转，体积怎么算呢？

既然绕 x 轴转，我们积分变量取为 x，继续用式(6-4)。此时，沉下心来想一下，在点 x 处、垂直于 x 轴的截面是啥图形？圆环！对，是一个外半径的长度是 x、内半径长度为 x^2 的圆环。圆环的体积当然等于外圆环的体积减去内圆环的体积。所以，根据式(6-4)，答案来了：

$$V=\int_a^b \pi(y_1^2-y_2^2)\mathrm{d}x=\int_0^1 \pi(x^2-x^4)\mathrm{d}x=\pi\left(\frac{1}{3}x^3-\frac{1}{5}x^5\right)\Bigg|_0^1=\frac{2}{15}\pi \tag{6-5}$$

为了更直观地理解这道题，我们来看一下 R 的旋转及截面示意图：

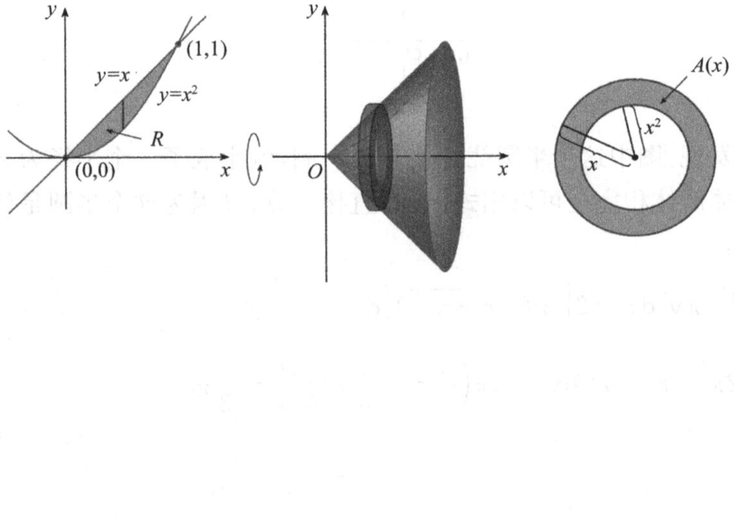

请用心观察一下式(6-4)和式(6-5)的差异。

我们继续以例题来说理。

例 6-7) 求:上一题中的区域 R 绕着 y 轴旋转所得立方体的体积。

解:这个应该难不住我们,完全按照上一题的方法,把对 x 用过的手段统统拿过来对付 y 就可以了。只不过式(6-5)得改成:

$$V=\int_c^d \pi(x_1^2-x_2^2)\mathrm{d}y \tag{6-6}$$

这里的 x_1 对应的是离 y 轴比较远的曲线的 x 值。由已知条件不难得到:

$$x_1=\sqrt{y}\,,x_2=y$$

因此:

$$V=\int_c^d \pi(x_1^2-x_2^2)\mathrm{d}y=\int_0^1 \pi[(\sqrt{y})^2-y^2]\mathrm{d}y$$

$$=\pi\left(\frac{1}{2}y^2-\frac{1}{3}y^3\right)\Big|_0^1=\frac{1}{6}\pi$$

走到这里,按说是可以歇歇脚了,但是请各位打起精神,我们对这个例题来个神奇的延伸,巩固一下这一段时间我们学到的积分思想。

因为这会很精彩!

问题来了! 在上一例题中,取 x 为积分变量,能否计算例 6-7)中的体积?

答案是肯定的,为了解决这个问题,我们先来热一下身,解决一个类似的问题。请看下图

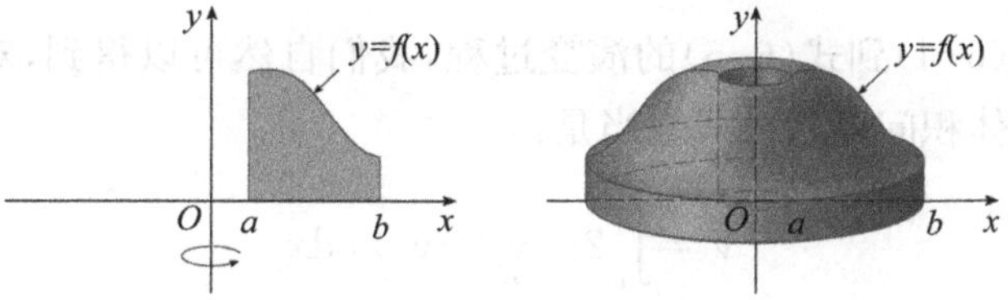

这是函数 $f(x)$ 和 x 轴之间的区域绕 y 轴旋转后得到的立方体,要求它的体积当然是用式(6-6)最省事,但是有时候 x 的表达式很难求出,这时候就只能试着用最本源的式(6-3)了。

老办法,把区间 $[a,b]$ 分成若干宽度为 Δx 的子区间,考察一个代表性的子区间 $[x_{i-1},x_i]$,由下图可见,这一子区间的区域,绕着 y 轴转的结果,可以用一个空心圆柱体来近似表示。

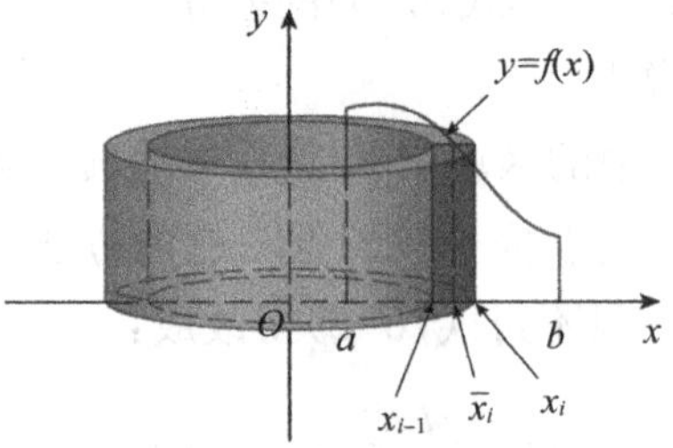

这个空心圆柱体的横截面，是一个内外半径分别为 x_{i-1} 和 x_i 的圆环，高度可以取函数 $f(x)$ 在 $[x_{i-1}, x_i]$ 的任意一点的函数值，因为当 Δx 充分小的时候，区别不大。我们暂且取 x_{i-1} 和 x_i 的平均值 $\overline{x}_i$。

有初等数学基础的人，都可以算出这个空心圆柱体的体积：

$$\begin{aligned} V_i &= f(\overline{x}_i)(\pi x_i^2 - \pi x_{i-1}^2) \\ &= \pi f(\overline{x}_i)(x_i - x_{i-1})(x_i + x_{i-1}) \\ &= \pi f(\overline{x}_i)\Delta x \cdot 2\overline{x}_i \\ &= 2\pi f(\overline{x}_i)\overline{x}_i \cdot \Delta x \end{aligned}$$

如果把这些小空心圆柱体加起来，就又可以看到有 Δx 参与的黎曼和了。所以，我们又得到一个计算旋转体体积的公式：

$$V = \int_a^b 2\pi f(x) x \, \mathrm{d}x \tag{6-7}$$

或者：

$$V = \int_a^b 2\pi y x \, \mathrm{d}x \tag{6-7a}$$

了解了式(6-4)到式(6-5)的演变过程，我们自然可以得到，对于例 6-7)类型的立方体的体积问题的公式应当是：

$$V = \int_a^b 2\pi (y_1 - y_2) x \, \mathrm{d}x \tag{6-8}$$

又学了一招，用用看！

例 6-8) 用对 x 的积分，求例 6-7)中的体积。

解：闲言少叙，直接上公式：

$$V = \int_a^b 2\pi (y_1 - y_2) x \, \mathrm{d}x = \int_0^1 2\pi (x - x^2) x \, \mathrm{d}x = 2\pi \int_0^1 (x^2 - x^3) \, \mathrm{d}x$$

$$= 2\pi \left(\frac{1}{3} x^3 - \frac{1}{4} x^4 \right) \Big|_0^1 = \frac{1}{6} \pi$$

好了，说了半天旋转体的体积问题了，脑袋都转晕了！来个不转的体积问题吧。

例 6-9)　一个立方体，它的一个底面是曲线 $y=4-x^2$ 和 x 轴围成的区域，每一个和 x 轴垂直的截面都是一个正方形，求出它的体积。

解：即使不画图也知道，曲线 $y=4-x^2$ 和 x 轴的两个交点分别为 $(-2,0)$，$(2,0)$，因此完全可以使用式(6-3)来求体积，注意到每个垂直于 x 轴的截面都是边长为 y 的正方形以及曲线 $y=4-x^2$ 的偶函数特性，立刻得到：

$$V=\int_a^b A(x)\mathrm{d}x=\int_{-2}^2 y^2\mathrm{d}x=\int_{-2}^2(4-x^2)^2\mathrm{d}x=2\int_0^2(x^4-8x^2+16)\mathrm{d}x$$

$$=2\left(\frac{1}{5}x^5-\frac{8}{3}x^3+16x\right)\Big|_0^2=\frac{512}{15}$$

体积问题，毕竟是三维的东西，得有点空间想象能力。譬如这道题目，你就可以这么想：首先假设，你面前的写字台就是 xy 平面，有这么一块面包放在平面上，它的底面正好覆盖曲线 $y=4-x^2$ 和 x 轴围成的区域。如果自上而下对着面包沿着与 x 轴垂直的方向切下去一刀，并且假设这一刀切在了 x_0 的位置，这个时候，你去看切开的切面，就应该是一个边长是 $4-x_0^2$ 的正方形。

如果有人问，然后呢？既然面包都切好了，还愣着干什么，蘸上果酱吃呗！

吃好了之后，继续干活！

6.3　弧长(Arc length)问题

用我们本章开篇时提供的生成定积分的标准办法，求曲线的长度，不是难事。简述如下：

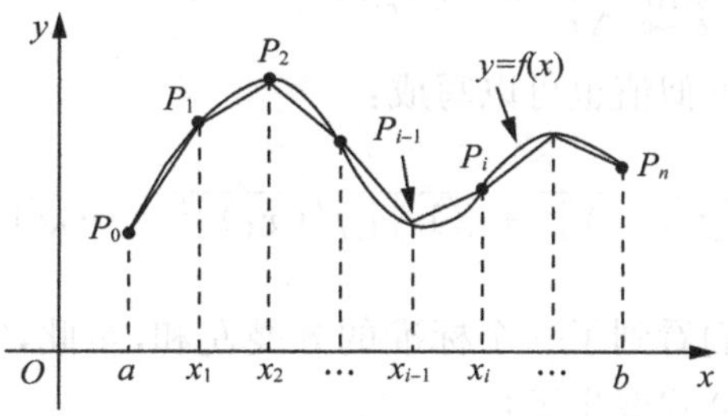

如上图所示，想要求曲线 $y=f(x)$ 在区间 $[a,b]$ 上的长度，即从 P_0 到 P_n 的长度，积分的手法非常好用。

首先，还是把区间 $[a,b]$ 分成若干宽度为 Δx 的子区间。然后考察第 i 个子区间的曲线长度,很显然,线段 $P_{i-1}P_i$ 的长度 L_i 就可以作为区间上曲线长度的近似值,要求出 L_i,请看下面的细部图:

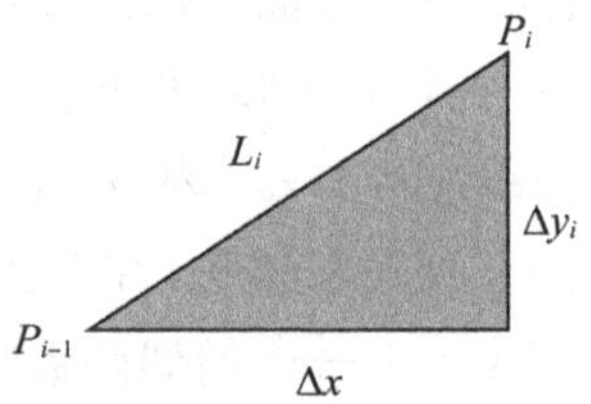

根据勾股定理,可得:

$$L_i=\sqrt{(\Delta x)^2+(\Delta y_i)^2}$$

看到这儿,可能有人会有点失望。因为我们期待的是表达式由 Δx 参与的乘积,只有这样,累积起来的黎曼和才能演变为定积分。现在咱们搞出来个根号出来,似乎没有条件啊。

没有条件,创造条件,请接着往下看:

$$L_i=\sqrt{(\Delta x)^2+(\Delta y_i)^2}=\sqrt{(\Delta x)^2+(\Delta y_i)^2}\cdot\frac{\Delta x}{\Delta x}$$
$$=\frac{\sqrt{(\Delta x)^2+(\Delta y_i)^2}}{\sqrt{(\Delta x)^2}}\cdot\Delta x=\sqrt{1+\left(\frac{\Delta y_i}{\Delta x}\right)^2}\cdot\Delta x$$

有了乘积,于是要求的曲线长度的近似值就是这么一个黎曼和:

$$L\approx\sum_{i=1}^{n}L_i=\left(\sqrt{1+\left(\frac{\Delta y_1}{\Delta x}\right)^2}+\sqrt{1+\left(\frac{\Delta y_2}{\Delta x}\right)^2}+\cdots\sqrt{1+\left(\frac{\Delta y_n}{\Delta x}\right)^2}\right)\cdot\Delta x$$

此外,我们知道:$\lim\limits_{\Delta x\to 0}\frac{\Delta y_i}{\Delta x}=f'(x_{i-1})$

由此可知,L 的近似值也可以写成:

$$L\approx\sum_{i=1}^{n}L_i=(\sqrt{1+[f'(x_0)]^2}+\sqrt{1+[f'(x_1)]^2}+\cdots\sqrt{1+[f'(x_{n-1})]^2})\cdot\Delta x$$

运行到这儿,我们看到了一个标准的黎曼左和,至此,定积分的条件完全成熟了,又一个有用的公式诞生了!

$$V=\int_a^b(\sqrt{1+[f'(x)]^2})\mathrm{d}x \tag{6-9}$$

根据式(6-9)产生的过程,参照由式(6-1)到式(6-2)的经验,我们知道,在

把 y 作为积分变量更方便的时候，式(6-9)可以变形为：

$$L=\int_c^d(\sqrt{1+[g'(y)]^2})\mathrm{d}y \tag{6-10}$$

有的时候，函数 $y=f(x)$ 中，x、y 都是另一个参数 t 的函数，即：函数上的点都可以表达为 $(x(t),y(t))$，这个时候，式(6-9)演变为：

$$L=\int_{t_1}^{t_2}(\sqrt{[x'(t)]^2+[y'(t)]^2})\mathrm{d}t \tag{6-11}$$

上面提到的这三个求弧长的公式，没有优劣之分。用的时候，想用哪个用哪个，哪个方便用哪个。

例 6-10） 求下列曲线的确切长度 L：$y=1+6x^{\frac{3}{2}}(0\leqslant x\leqslant 1)$。

解：本题直接用式(6-9)即可：

$$L=\int_a^b(\sqrt{1+(y')^2})\mathrm{d}x=\int_0^1(\sqrt{1+(9\sqrt{x})^2})\mathrm{d}x=\int_0^1(\sqrt{1+81x})\mathrm{d}x$$

令：$u=1+81x\Rightarrow \mathrm{d}x=\frac{1}{81}\mathrm{d}u, u(0)=1, u(1)=82$，所以：

$$L=\frac{1}{81}\int_1^{82}(\sqrt{u})\mathrm{d}u=\frac{1}{81}\cdot\frac{2}{3}(u^{\frac{3}{2}})\Big|_1^{82}=\frac{2}{243}(82\sqrt{82}-1)$$

例 6-11） 求曲线 $x=y^2$ 从(0,0)到(4,2)的长度。

解：显然，这个得用式(6-10)：

$$L=\int_0^2(\sqrt{1+(x')^2})\mathrm{d}y=\int_0^2\sqrt{1+(2y)^2}\,\mathrm{d}y=\int_0^2\sqrt{1+4y^2}\,\mathrm{d}y$$

走到这里卡壳了吧？应付这个积分，似乎没带“家伙事儿”。

不是吧？不是学过黎曼和来近似计算吗？考虑到积分函数 $\sqrt{1+4y^2}$ 是单调函数，取中点法的黎曼和比左和与右和都好。来试一下：不妨把它分成 4 个子区间，求黎曼中和，我们有：

$$L\approx 0.5(\sqrt{1+4(0.25)^2}+\sqrt{1+4(0.75)^2}+\sqrt{1+4(1.25)^2}$$
$$+\sqrt{1+4(1.75)^2})=4.626\,723$$

此外，还有两种办法，一种是找个 AI 型的高级计算器，输入计算立刻得到：$L=4.646\,784$。另一种办法——跟着笔者学好下一章，还有更“数学范”的算法。

6.4 均值(Average)问题

咱们都到了可以计算旋转体体积的水平了，再把求函数平均值的问题拿出来，实在是太简单了。

一句话，函数 $y=f(x)$ 在某区间的平均值，就等于函数在此区间的定积分除以区间的长度。用公式表示，就是：

$$\overline{f}=\frac{1}{b-a}\int_a^b f(x)\mathrm{d}x \tag{6-12}$$

就这么简单！

例 6-12) 求函数 $y=\sqrt{1-x^2}$ 在区间[−1, 1]的平均值。

解：二话不说，直接用式(6-12)：

$$\begin{aligned} y &= \frac{1}{1-(-1)}\int_{-1}^{1}\sqrt{1-x^2}\,\mathrm{d}x \\ &= \frac{1}{2}\cdot\frac{1}{2}\pi(1)^2 \\ &= \frac{\pi}{4} \end{aligned}$$

需要说明一点的是：根据定义，我们知道积分项下的结果就是半径为 1 的半圆的面积，所以在以上的运算中，直接拿来用了。

既然讲到函数的平均值，另一个所谓的积分中值定理必须要说。

积分中值定理

如果函数 $y=f(x)$ 在区间 $[a,b]$ 连续，则在 $[a,b]$ 内一定存在一个 c 值，使得：

$$f(c)=\frac{1}{b-a}\int_a^b f(x)\mathrm{d}x \tag{6-13}$$

你一定发现式(6-12)和式(6-13)的右边是一样的！是的，这中值定理就是说，任何区间的连续函数，一定可以在区间内找到平均值。

在日常生活中，用式(6-13)一定得注意是连续函数。

这个定理的证明，早已经在微分中学过了。因此，略过本定理证明。

既然单列一节，那就再多讲一点定积分的应用问题吧。

实际上，我们从定积分的产生过程，可以清楚地发现，只要是涉及将乘积沿着一个方向加起来的问题，那么取这个方向为积分变量的变化方向，最后都可以应用定积分。

我们的日常生活中，有很多这样的关系。例如，我们在力学中所学的公式：

$$W = FS(W\text{ 为力 }F\text{ 位移 }S\text{ 时所做的功})$$

这个公式只在 F 是常数的理想状态下成立，如果 F 是位移 S 的函数，那么从位移为 a 的位置到位移为 b 的位置，力 F 所做的功，显然应该由定积分计算得到，即：

$$W = \int_a^b F(S)\mathrm{d}S \tag{6-14}$$

例 6-13) 一个弹簧的自然长度为 15 cm，如果要把它拉伸到 21 cm，需要 30 N 的力，那么如果把它从 17 cm 拉到 23 cm，总共需做多少功？

解：我们当然是要用式(6-14)来求解。先设法找出弹力和位移的关系，由胡克定律(Hooke's Law)，我们知道：$F(S) = kS$ (k 为弹簧系数，S 为位移)。由题意可得：

$$30 = k(21 - 15) \Rightarrow k = 5(\mathrm{N/cm})$$

因此，我们有：$W = \int_2^8 5S\mathrm{d}S = \left(\frac{5}{2}S^2\right)\Big|_2^8 = 150(\mathrm{N \cdot cm})$

同样，我们在物理课里学过，对一个匀速运动(又是一种理想状态)的物体或粒子来说，位移的公式为：

$$S = vt(v\text{ 为速度},t\text{ 为时间})$$

所以，当 v 是时间 t 的函数的时候，求从 t_0 到 t_1 时间段的位移的公式，就应该是：

$$S = \int_{t_0}^{t_1} v(t)\mathrm{d}t \tag{6-15}$$

对式(6-15)，我们要特别说一下，有的时候，物体的位移是沿着一个方向做往复运动的(例如弹簧)这个时候，速度 v 时正时负，按照此公式进行计算，S 有可能得到正值、零、负值。

这样的积分结果表示的是在这段时间内物体相对于运动初始位置的位移，绝对不是在这段时间内物体所走过的距离。要计算物体走过的总距离，得用以下公式：

$$D = \int_{t_0}^{t_1} |v(t)|\mathrm{d}t \tag{6-16}$$

例 6-14) 一个粒子沿着 x 轴运动，其速度可以表达为时间的函数 $v(t) = t^2 - 4t + 3$，求：

1) 该粒子在从 $t=0$ 到 $t=5$ 这段时间的总位移 S；

2）该粒子在从 $t=0$ 到 $t=5$ 这段时间运动的总距离 D。

解：1）直接应用式(6-15)：

$$S=\int_0^5 (t^2-4t+3)\mathrm{d}t=\left(\frac{1}{3}t^3-2t^2+3t\right)\Big|_0^5=\frac{20}{3}$$

2）求运动距离应该用式(6-16)，

又因为 $v(t)=(t-1)(t-3)\begin{cases}>0 & (0\leqslant t<3)\\<0 & (1<t<3)\\>0 & (1<t\leqslant 5)\end{cases}$

故此得到：

$$\begin{aligned}D&=\int_0^1 v(t)\mathrm{d}t-\int_1^3 v(t)\mathrm{d}t+\int_3^5 v(t)\mathrm{d}t\\&=\left(\frac{1}{3}t^3-2t^2+3t\right)\Big|_0^1-\left(\frac{1}{3}t^3-2t^2+3t\right)\Big|_1^3+\left(\frac{1}{3}t^3-2t^2+3t\right)\Big|_3^5\\&=\frac{28}{3}\end{aligned}$$

6.5 极坐标函数的面积和弧长问题

定积分的标准玩法，不但适合平面坐标系，也适合极坐标系。只不过，既然函数已经从 $f(x)$ 演变为 $f(\theta)$，标准动作也得与时俱进：

1）把要研究的曲线问题分成中心角为 $\Delta\theta$ 的若干子区间，仔细研究一个位于 θ 处的代表性单元。

2）在此单元内，争取把子单元的待求近似表达成 θ 的函数 $f(\theta)$ 和单元角度的增量 $\Delta\theta$ 的乘积。如此一来，黎曼和就自然生成了。

3）显然，前一步求出的近似值，随着子区间的加密或者说 $\Delta\theta$ 的减小而愈发接近精确值。当然 $\Delta\theta$ 趋于零时，精确值产生。精确值就是 $f(\theta)$ 在此区间上的定积分。

我们先来看看面积问题：

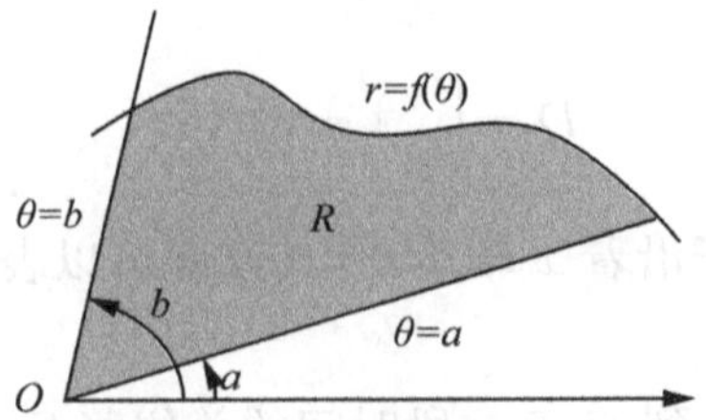

如上图所示，极坐标系里的面积问题，通常是指曲线 r 的起始中心角 a 到终止中心角 b 之间，由曲线上点的极径扫过的面积，也就是图中的阴影部分 R 的面积。

试着按标准动作操作一下：

第一步：面对这样的面积问题，我们的子区间自然是按照下面的分法来玩：

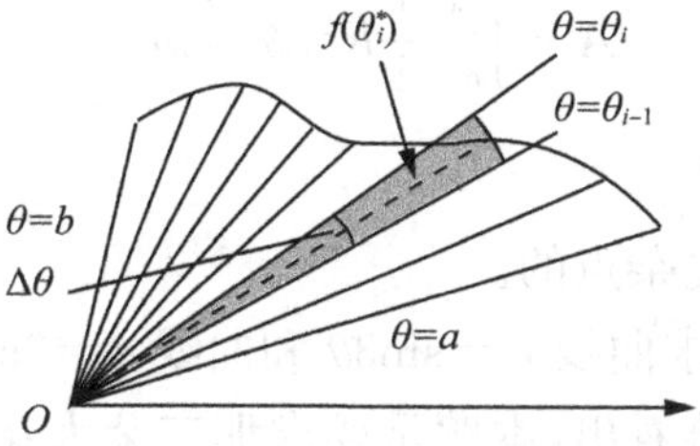

第二步：显然，面积问题变成了把这若干的子区间的面积加起来的问题。回想一下，平面坐标系里的面积问题，当时我们是把子区间的面积用矩形面积来近似。这次在极坐标系里，子区间的面积就应该用扇形的面积来近似。

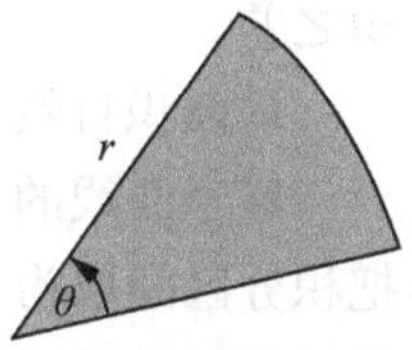

我们知道上图中的扇形面积：

$$A=\frac{1}{2}r^2\theta$$

这样，第 i 个典型的子区间的面积就可以近似表达为：

$$A_i=\frac{1}{2}f^2(\theta_i^*)\Delta\theta$$

其中 θ_i^* 为 θ_{i-1} 和 θ_i 中间的任意一点。所以，R 的总面积 A，可以近似地表达成一个黎曼和的形式：

$$A\approx\sum_{i=1}^{n}\frac{1}{2}f^2(\theta_i^*)\Delta\theta$$

第三步：显然，上一步求出的黎曼和的精确度随着 $\Delta\theta$ 的变小而提高。当 $\Delta\theta$ 达到微分级别时，黎曼和就蜕变成定积分。同时，近似值也就演化为精确值了：

$$A=\int_a^b\frac{1}{2}[f(\theta)]^2\mathrm{d}\theta$$

即：

$$A=\int_a^b\frac{1}{2}r^2\mathrm{d}\theta \tag{6-17}$$

赶紧的，把刚学的招式比划一下。

例 6-15） 求曲线 $r=R$ 包围的面积。

解：显然，该曲线上的点的中心角从 0 到 2π，该曲线闭合。所以，直接用式(6-17)得：

$$A=\int_0^{2\pi}\frac{1}{2}R^2\mathrm{d}\theta=\pi R^2$$

这就是圆的面积公式。

这个太简单？来个复杂点的。

例 6-16） 如下图：求曲线 $r=\sin 3\theta$ 和曲线 $r=3\sin 3\theta$ 之间的面积 A。

解：如下图所示，不难看出，本题是要求那三朵大花瓣的面积和小花瓣的面积之差。

求面积自然是用式(6-17)，但是积分的上下限如何确定呢？

鉴于曲线的表达式中有 3θ，因此，很有可能其图形的周期要小于 2π。如果把积分区间取为 $[0,2\pi]$，出错的概率非常大。因此，我们可以取一瓣花来计算，然后把结果乘以 3 就可以了。

至于第一花瓣的面积计算，很容易看出积分区间为 $[0,\pi/3]$。当然，从对称性来说，把积分区间取为 $[0,\pi/6]$，然后结果乘以 2 也可以。

所以，要求的面积表达式如下：

$$A=3\left[\int_0^{\frac{\pi}{3}}\frac{1}{2}(3\sin 3\theta)^2\mathrm{d}\theta-\int_0^{\frac{\pi}{3}}\frac{1}{2}(\sin 3\theta)^2\mathrm{d}\theta\right]$$

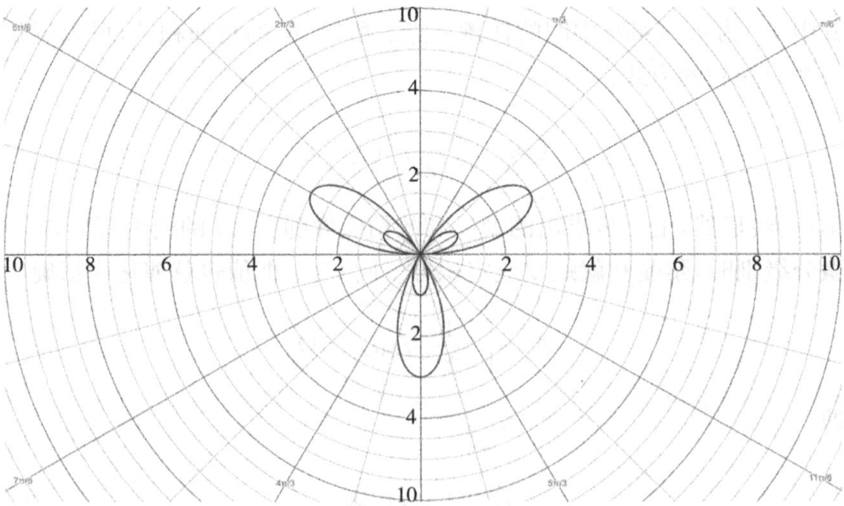

要计算这个积分，不是难事吧？继续！

$$A=6\int_0^{\frac{\pi}{3}}2\sin^2(3\theta)\mathrm{d}\theta=6\int_0^{\frac{\pi}{3}}(1-\cos6\theta)\mathrm{d}\theta=(6\theta-\sin6\theta)\Big|_0^{\frac{\pi}{3}}=2\pi$$

解决完了面积问题，下一个目标就是弧长问题。这个问题实际上在6.3节已经给出了答案。直接用式(6-11)，把其中的t置换为θ，曲线$f(\theta)$在区间$[a,b]$的弧长为：

$$L=\int_a^b\sqrt{[x'(\theta)]^2+[y'(\theta)]^2}\,\mathrm{d}\theta \tag{6-18}$$

再考虑到：

$$\begin{cases}x=r\cos\theta\\y=r\sin\theta\end{cases}\Rightarrow\begin{cases}x'=r'\cos\theta-r\sin\theta\\y'=r'\sin\theta+r\cos\theta\end{cases}$$
$$\Rightarrow\begin{cases}(x')^2=(r')^2\cos^2\theta-2rr'\sin\theta\cos\theta+r^2\sin^2\theta\\(y')^2=(r')^2\sin^2\theta+2rr'\sin\theta\cos\theta+r^2\cos^2\theta\end{cases}$$
$$\Rightarrow(x')^2+(y')^2=r^2+(r')^2$$

因此，式(6-18)可以写成：

$$L=\int_a^b\sqrt{r^2+(r')^2}\,\mathrm{d}\theta \tag{6-19}$$

例6-17) 求圆$r=R$的周长L。

解：将$r=R,r'=0,a=0,b=2\pi$代入式(6-19)，得：

$$L=\int_0^{2\pi}\sqrt{R^2+0}\,\mathrm{d}\theta=2\pi R$$

这是一个再熟悉不过的公式，用这种方式来跟我们见面，有点意思！
该做习题了！

练习六

6-1) 画出下列每组曲线的草图并计算其包围的面积：

(1) $y=x+1,y=9-x^2,x=0,x=4$；

(2) $y=\sin x,y=x,x=\frac{\pi}{2},x=\pi$；

(3) $y=6-x^2,y=x^2-2$；

(4) $x+y^2=4,y=x$；

(5) $y=\sin x, y=3-\sin x, x(0\leqslant x\leqslant 2\pi)$；

(6) $y=0, y=\sqrt{1-x}, x=y^2$。

6-2) 求下列曲线围成的区域，绕特定的轴旋转得到的立方体的体积：

(1) 曲线：$y=0, y=1-x, x=0, x=1$，轴：x 轴；

(2) 曲线：$y=0, y=1-x\sqrt{16-x^2}, x=1, x=2$，轴：$x$ 轴；

(3) 曲线：$y^2=x, x=3y$，轴：y 轴；

(4) 曲线：$y=x^2, x=y^2$，轴：$y=1$；

(5) 曲线：$y=x^2, x=y^2$，轴：$x=-1$。

6-3) 如下图所示曲线，求下列区域绕特定轴旋转得到的旋转体的体积：

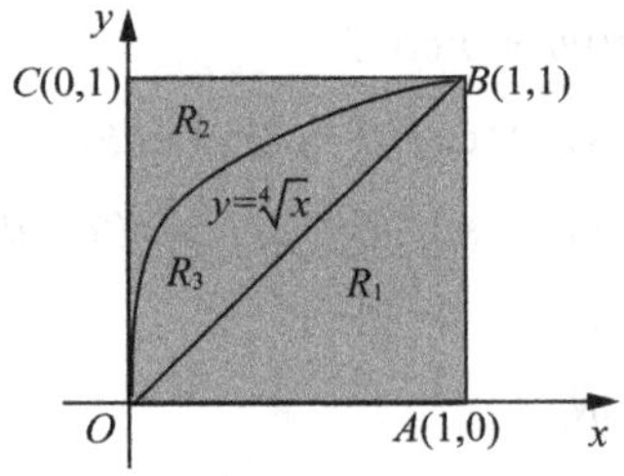

(1) R_1 绕 OA；　(2) R_1 绕 OC；　(3) R_1 绕 AB；

(4) R_1 绕 BC；　(5) R_2 绕 OA；　(6) R_2 绕 OC；

(7) R_2 绕 AB；　(8) R_2 绕 BC；　(9) R_3 绕 OA；

(10) R_3 绕 OC；　(11) R_3 绕 AB；　(12) R_3 绕 BC。

6-4) 一个立方体，底面是椭圆 $x^2+4y^2=1$ 所覆盖区域，垂直于 x 轴的横截面是一个底为直角边的等腰直角三角形，求这个立方体的体积。

6-5) 分别以 x、y 为积分变量，计算曲线 $y^2-x^2=1, y=2$ 所围区域绕 x 轴旋转所得的立方体的体积。

6-6) 求下列各曲线在指定区间的确切长度：

(1) $y=2x^2-x+1, x\in[2,6]$；

(2) $x=3\sqrt[3]{y}(y+1), 1\leqslant y\leqslant 3$。

6-7) 求下列各函数在指定区间的平均值：

(1) $y=x^2+1, x\in[0,2]$；

(2) $y=\cos^4 x\sin x, x\in[0,\pi]$；

(3) $y=\sin x-\sin 2x, x\in[0,\pi]$；

(4) $y=(x-3)^2, x\in[2,5]$。

6-8）求下列极坐标函数所包围区域的面积：

（1）$r=\sin\theta$；

（2）$r=1+2\cos\theta$；

（3）$r=\sin3\theta$；

（4）$r=\cos4\theta$。

6-9）试求以下各对曲线共同覆盖部分的面积：

（1）$r=\sqrt{3}\cos\theta, r=\sin\theta$；

（2）$r=1+\cos\theta, r=1-\cos\theta$；

（3）$r=\sin3\theta, r=\cos3\theta$。

6-10）求曲线 $r=1+\cos\theta$ 的周长。

不定积分用雕虫小技搞定

第七章

CHAPTER 7

玩了这么长时间的定积分，你一定会问：有不定积分吗？

答案是肯定的。其实这不定积分早就亮过相了，它就是我们前面提到过的反导数！不定积分的表达也很简单，即：$\int f(x)\mathrm{d}x$ 。由于反导数通常是一组差为常数的函数，所以不定积分通常表达成：

$$\int f(x)\mathrm{d}x = F(x) + C \tag{7-1}$$

这个公式中的 $F(x)$ 可以是 $f(x)$ 的任意一个反导数，为简单起见，我们习惯取 $C=0$。

定积分计算的往往是一个定值，而不定积分表达的则是一组函数。又因为从微积分基本定理我们知道，一个函数 $f(x)$ 在区间$[a,b]$的定积分就是这个函数的反导数 $F(x)$ 在此区间的增量或者净变化量 $F(b)-F(a)$，所以搞定了不定积分，就相当于同时解决了定积分的所有问题。

也只有搞定了不定积分，定积分的那些令人惊叹的才艺才会显得如此生动。

要玩好不定积分，基础仍然是倒背基本导数，见表 7-1。

表 7-1 不定积分表

函数	反导数	不定积分
$x^n(n\neq -1)$	$\frac{x^{n+1}}{n+1}(n\neq -1)$	$\int x^n\mathrm{d}x = \frac{x^{n+1}}{n+1}+C$
x^{-1}	$\ln\|x\|$	$\int \frac{1}{x}\mathrm{d}x = \ln\|x\|+C$
a^x	$\frac{a^x}{\ln a}$	$\int a^x\mathrm{d}x = \frac{a^x}{\ln a}+C$
e^x	e^x	$\int \mathrm{e}^x\mathrm{d}x = \mathrm{e}^x+C$
$\sin x$	$-\cos x$	$\int \sin x\mathrm{d}x = -\cos x+C$
$\cos x$	$\sin x$	$\int \cos x\mathrm{d}x = \sin x+C$
$\sec^2 x$	$\tan x$	$\int \sec^2 x\mathrm{d}x = \tan x+C$
$\sec x\tan x$	$\sec x$	$\int \sec x\tan x\mathrm{d}x = \sec x+C$
$\frac{1}{\sqrt{1-x^2}}$	$\arcsin x$	$\int \frac{1}{\sqrt{1-x^2}}\mathrm{d}x = \sin^{-1}x+C$

续表

函数	反导数	不定积分
$-\frac{1}{\sqrt{1-x^2}}$	$\arccos x$	$\int -\frac{1}{\sqrt{1-x^2}}\mathrm{d}x = \cos^{-1}x + C$
$\frac{1}{1+x^2}$	$\arctan x$	$\int \frac{1}{1+x^2}\mathrm{d}x = \tan^{-1}x + C$

友情提醒,这个表对于积分计算,就好像《汤头歌诀》对中医一样的重要。一定要牢牢记住。

好消息是,牢记这个表在考试中真的就够用了。

坏消息是,没有直接考这个表的考试,一定是多多少少拐点弯,所以必须得掌握几个雕虫小技。

考积分的题目,换元是硬道理。

好在:要来要去,换元就那么几招。

至于换元的种种机巧,让我们一一感受吧。

7.1 分部积分法(Integration by Parts)

分部积分法几乎是微积分必考内容,它受函数的积的导数公式启发而来。两个函数的积的求导公式如下:

$$(uv)' = u'v + uv'$$

对这个公式两边求积分,我们就得到:

$$\int (uv)'\mathrm{d}x = \int vu'\mathrm{d}x + \int uv'\mathrm{d}x \Rightarrow uv = \int v\mathrm{d}u + \int u\mathrm{d}v$$

$$\int u\mathrm{d}v = uv - \int v\mathrm{d}u \tag{7-2}$$

这就是最常用的分部积分公式。

在实战中,咱们的任务就是把一个被积函数 $f(x)$,得体地分成一个函数和一个导函数的积,亦即 $f(x) = u(x)v'(x)$ 。

这样,就可以把 $v'(x)$ 和后边的 $\mathrm{d}x$ 自然地结合成 $\mathrm{d}v$,从而为我们利用式(7-2)创造条件。

当然,这么做的前提是式(7-2)右边的 $\int v\mathrm{d}u$,应该比左边的 $\int u\mathrm{d}v$ 更简单、更好对付。至少不能更复杂,否则,就是出力不讨好。

分割被积函数的工作实质是把它分成两个各司其职的函数，一个 $v'(x)$ 作为导函数远征到 $\mathrm{d}x$ 后边，任务是组建新的 $\mathrm{d}v$。另一个 $u(x)$ 作为留守函数，任务是求导后和 $v(x)$ 相乘组成新的更简单的被积函数。

既然 $u(x)$ 的任务是求导后更简单，当然首选那些求导后不使函数更为复杂的函数，比如 x^n（每求一次导数，幂次降一），e^x（求导之后没变化），$\sin x$、$\cos x$（导来导去，也还是它们俩，最多换换符号），$\ln x$（一旦求导，就变成了 $\frac{1}{x}$，最好与 x^n 碰到一起）。

来点例题找找感觉吧！

例 7-1） 计算 $\int x\cos x\,\mathrm{d}x$ 。

解：注意到 $\cos x\,\mathrm{d}x=\mathrm{d}(\sin x)$，我们有：

$$\int x\cos x\,\mathrm{d}x=\int x\,\mathrm{d}(\sin x)=x\sin x-\int\sin x\,\mathrm{d}x=x\sin x+\cos x+C$$

友情提醒，常数 C 不能省。

例 7-2） 计算 $\int \mathrm{e}^x x^2\,\mathrm{d}x$ 。

解：注意，$\mathrm{e}^x=\mathrm{d}(\mathrm{e}^x)$，我们有：

$$\int \mathrm{e}^x x^2\,\mathrm{d}x=\int x^2\,\mathrm{d}(\mathrm{e}^x)=x^2\mathrm{e}^x-\int \mathrm{e}^x\,\mathrm{d}(x^2)=x^2\mathrm{e}^x-2\int x\mathrm{e}^x\,\mathrm{d}x=x^2\mathrm{e}^x-2\int x\,\mathrm{d}(\mathrm{e}^x)$$

$$=x^2\mathrm{e}^x-2(x\mathrm{e}^x-\int\mathrm{e}^x\,\mathrm{d}x)=x^2\mathrm{e}^x-2x\mathrm{e}^x+2\mathrm{e}^x+C$$

例 7-3） 计算 $\int \mathrm{e}^x\sin x\,\mathrm{d}x$。

解：由于指数函数和正弦函数都比较好对付，所以本题可以有两种玩法。

玩法一，首先把 e^x 派到微分符号“d”的后面，两次使用式(7-2)，得：

$$\int \mathrm{e}^x\sin x\,\mathrm{d}x=\int\sin x\,\mathrm{d}(\mathrm{e}^x)=\mathrm{e}^x\sin x-\int\mathrm{e}^x\,\mathrm{d}(\sin x)=\sin x\,\mathrm{e}^x-\int\cos x\,\mathrm{d}(\mathrm{e}^x)$$

$$=\mathrm{e}^x\sin x-[\mathrm{e}^x\cos x-\int\mathrm{e}^x\,\mathrm{d}(\cos x)]=\mathrm{e}^x\sin x-\cos x\,\mathrm{e}^x-\int\mathrm{e}^x\sin x\,\mathrm{d}x \tag{7-3}$$

走到这里，有趣了！等式的左右两边都有一个 $\int\mathrm{e}^x\sin x\,\mathrm{d}x$ 。请记住，尽管写法一样，但是由于这种写法只是函数 $\mathrm{e}^x\sin x$ 的反导数的一个泛指，所以不能简单地把它俩画等号，而应该考虑到它俩相差一个常数。

把常数的因素考虑进去，再把右边的$\int e^x \sin x \mathrm{d}x$移到左边，经过算术运算，就可以得到：

$$\int e^x \sin x \mathrm{d}x = \frac{1}{2} e^x (\sin x - \cos x) + C$$

玩法二，这次先让 e^x 留守：

$$\begin{aligned}\int e^x \sin x \mathrm{d}x &= \int e^x \mathrm{d}(-\cos x) = -e^x \cos x - \int (-\cos x) \mathrm{d}(e^x) \\ &= -e^x \cos x + \int e^x \cos x \mathrm{d}x = -e^x \cos x + \int e^x \mathrm{d}(\sin x) \\ &= -e^x \cos x + e^x \sin x - \int e^x \sin x \mathrm{d}x\end{aligned}$$

殊途同归，结论当然仍是：

$$\int e^x \sin x \mathrm{d}x = \frac{1}{2} e^x (\sin x - \cos x) + C$$

例 7-4） 计算$\int x^2 \ln x \mathrm{d}x$。

解：一想到 $\mathrm{d}(\ln x) = \frac{1}{x}$，就动了让 $\ln x$ 留守的念头，

$$\begin{aligned}\int x^2 \ln x \mathrm{d}x &= \int \ln x \mathrm{d}\left(\frac{1}{3} x^3\right) = \frac{1}{3} x^3 \ln x - \int \frac{1}{3} x^3 \mathrm{d}(\ln x) \\ &= \frac{1}{3} x^3 \ln x - \int \frac{1}{3} x^2 \mathrm{d}x = \frac{1}{3} x^3 \ln x - \frac{1}{9} x^3 + C\end{aligned}$$

经过几个例题，相信你对分部积分的用法用量有点感觉了。再来个重量级的例题。

例 7-5） 计算$\int (x+1)^4 e^{x-1} \mathrm{d}x$。

解：先整理一下，令 $u = x + 1$ 当然 $\mathrm{d}u = \mathrm{d}x$ 。因而我们就有了：

$$\begin{aligned}\int (x+1)^4 e^{x-1} \mathrm{d}x &= \int u^4 e^{u-2} \mathrm{d}u = e^{-2} \int u^4 \mathrm{d}(e^u) \\ &= e^{-2} \left[u^4 e^u - \int e^u \mathrm{d}(u^4)\right] = e^{-2} \left[u^4 e^u - \int 4u^3 e^u \mathrm{d}u\right]\end{aligned}$$

走到这里，被积函数已经降了幂了。招数不变，继续前进！

$$\begin{aligned}\int (x+1)^4 e^{x-1} \mathrm{d}x &= e^{-2} \left[u^4 e^u - 4\int u^3 \mathrm{d}(e^u)\right] \\ &= u^4 e^{u-2} - 4e^{-2} \left[u^3 e^u - \int e^u \mathrm{d}(u^3)\right]\end{aligned}$$

$$=u^4e^{u-2}-4u^3e^{u-2}+12e^{-2}\int u^2e^u du$$

至此,被积函数的幂次又降了一次,现在既可以继续沿这个方向走下去,也可以借用前面的例 7-2)的成果:

$$\begin{aligned}\int(x+1)^4e^{x-1}dx &= u^4e^{u-2}-4u^3e^{u-2}+12e^{-2}\int u^2e^u du\\ &= u^4e^{u-2}-4u^3e^{u-2}+12e^{-2}[u^2e^u-2ue^u+2e^u]+C\\ &= u^4e^{u-2}-4u^3e^{u-2}+12u^2e^{u-2}-24ue^{u-2}+24e^{u-2}+C\end{aligned}$$

走到这儿,任务基本完成。最后,别忘了再把 $u=x+1$ 代入上式:

$$\begin{aligned}\int(x+1)^4e^{x-1}dx = &(x+1)^4e^{x-1}-4(x+1)^3e^{x-1}+12(x+1)^2e^{x-1}\\ &-24(x+1)e^{x-1}+24e^{x-1}+C\end{aligned}$$

本题目虽然有点繁琐,但是线路清晰,细心点不会错。

下棋的人讲究:走一步,看两步,心里想着第三步。玩分部积分,在基本积分表熟记在心的基础上,讲究的是:分部之前,先在心里过一下,把留守函数和出征函数确定之后,下一步的情景如何?也就是想一下,下一步留守函数和出征函数的导数的乘积,是不是比之前更简单了,如果是,前进!如果不是,换一个方向就好了。反正,一般来说,给你的选项非此即彼。

这积分的雕虫小技要玩好,只有一个诀窍:手熟!我们再玩一个。

例 7-6) 计算:$\int 3x^2\arctan x\,dx$

解:本题被积函数中有反函数 $\arctan x$,我们不知道它是谁的导数,所以它只能留守:

$$\begin{aligned}\int 3x^2\arctan x\,dx &= \int\arctan x\,d(x^3)=x^3\arctan x-\int x^3 d(\arctan x)\\ &= x^3\arctan x-\int x^3\cdot\frac{1}{x^2+1}dx\end{aligned}$$

现在,被积函数变成了 $\frac{x^3}{x^2+1}$,如之奈何?先用多项式的除法招式对它变变形:

$$\frac{x^3}{x^2+1}=x-\frac{x}{x^2+1}$$

所以,我们得到:

$$\int\frac{x^3}{x^2+1}dx=\int\left(x-\frac{x}{x^2+1}\right)dx=\int x\,dx-\frac{1}{2}\int\frac{1}{1+x^2}d(1+x^2)$$

$$=\frac{1}{2}x^2-\frac{1}{2}\ln(1+x^2)+C$$

因而：

$$\int 3x^2\arctan x\,dx=x^3\arctan x-\frac{1}{2}x^2+\frac{1}{2}\ln(1+x^2)+C$$

分部积分的基本招式，就这么多了。要想更熟练一些，只有一招——多做练习。

在碰到一个积分问题的时候，如果基本积分表不管用、简单的置换也不能解决、分部积分似乎也用不上，那可能就得换招式了。

在五花八门的置换当中，三角函数置换法，格外实用，让我们接触一下。

7.2 三角函数置换法

如果把你最讨厌碰到的被积函数排排名次的话，想必根式函数会名列其中。

像 $\int x\sqrt{x+3}\,dx$ 这样简单的积分也还算厚道。对付这种积分，做个简单置换 $u=x+3$ 就可以了。

关键是，被积函数动不动就给你来个 $\sqrt{2x^2+3}$ 或者 $\sqrt{1-3x^2}$ 这样的，怎么办呢？

其实，对付这一类的复杂东西，是有标准套路的。基本的根式函数无非是这么三类，$\sqrt{x^2+a^2}$ 型、$\sqrt{x^2-a^2}$ 型以及 $\sqrt{a^2-x^2}$ 型。让我们各个击破！

7.2.1 $\sqrt{x^2+a^2}$ 型

应付此类型被积函数，套路如下：

首先，做置换，令 $x=a\tan\theta\left(0<\theta<\frac{\pi}{2}\right)$

这样一来，就有 $dx=a\sec^2\theta d\theta$，是不是觉得问题似乎变复杂了？但是别忘了，与此同时，我们还有：

$\sqrt{x^2+a^2}=\sqrt{a^2(\tan^2\theta+1)}=a\sec\theta$

看到没有？根号去掉了！这样反而会令积分计算变得简单。

友情提醒一下：置换后，利用基本积分表和一些常规数学运算，求出不定积分后，记得再把 θ 转化回 x。

例 7-7） 计算积分 $\int \frac{1}{x^2\sqrt{x^2+9}}dx$。

解：我们完全按套路出牌：$x=3\tan\theta (0<\theta<\frac{\pi}{2})$，

则 $dx=3\sec^2\theta d\theta$，

因而：

$$\int \frac{1}{x^2\sqrt{x^2+9}}dx=\int \frac{1}{(3\tan\theta)^2\cdot 3\sec\theta}\cdot 3\sec^2\theta d\theta=\frac{1}{9}\int \frac{\sec\theta}{\tan^2\theta}d\theta$$

$$=\frac{1}{9}\int \frac{\cos^2\theta}{\sin^2\theta}\cdot\frac{1}{\cos\theta}d\theta=\frac{1}{9}\int \csc\theta\cot\theta d\theta=-\frac{1}{9}\csc\theta+C$$

下一步，把 x 请回来：

$$x=3\tan\theta=3\frac{\sin\theta}{\cos\theta}=\frac{3\sin\theta}{\sqrt{1-\sin^2\theta}}$$

$$x^2(1-\sin^2\theta)=9\sin^2\theta$$

$$\sin^2\theta=\frac{x^2}{x^2+9}$$

$$\csc\theta=\frac{\sqrt{x^2+9}}{x}$$

走到这儿，算是修成正果了：

$$\int \frac{1}{x^2\sqrt{x^2+9}}dx=-\frac{1}{9}\frac{\sqrt{x^2+9}}{x}+C$$

以上那个求 $\csc\theta$ 的过程是代数法。我们也可以用图形法简单做到：既然 $x=3\tan\theta$ 或 $\tan\theta=\frac{x}{3}$，我们就可以构造一个下图所示的直角三角形。

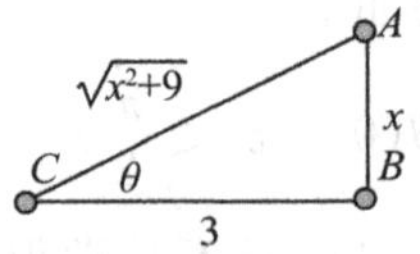

由此可以轻易得到：$\csc\theta=\frac{\sqrt{x^2+9}}{x}$。

7.2.2 $\sqrt{x^2-a^2}$ 型

应付这个类型的被积函数，套路是这样的：

1）做置换 $x=a\sec\theta\left(0<\theta<\frac{\pi}{2}\right)$，

此时，$\mathrm{d}x=a\sec\theta\tan\theta\mathrm{d}\theta$，$\sqrt{x^2-a^2}=a\tan\theta$，

把这些东西代入原来的积分式子里，求出积分。

2）运用代数手段或者利用下面的三角形，再把 θ 的函数转化为 x 的表达式。

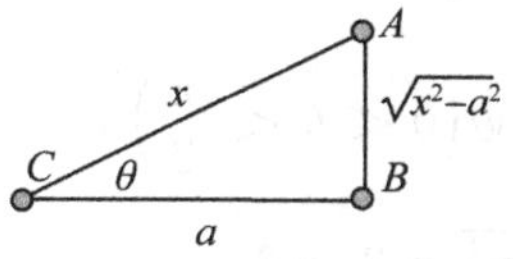

例 7-8） 计算 $\int\frac{\sqrt{x^2-9}}{x}\mathrm{d}x$。

解：我们按照套路，令 $x=3\sec\theta\left(0<\theta<\frac{\pi}{2}\right)$，

于是 $\mathrm{d}x=3\sec\theta\tan\theta\mathrm{d}\theta$，$\sqrt{x^2-3^2}=3\tan\theta$，

$$\int\frac{\sqrt{x^2-9}}{x}\mathrm{d}x=\int\frac{3\tan\theta}{3\sec\theta}\cdot3\sec\theta\tan\theta\mathrm{d}\theta=3\int\tan^2\theta\mathrm{d}\theta$$

$$=3\int(\sec^2\theta-1)\mathrm{d}\theta=3\tan\theta-3\theta+C$$

按照上图，把 θ 请出去，把 x 迎进来，就得到：

$$\int\frac{\sqrt{x^2-9}}{x}\mathrm{d}x=\sqrt{x^2-9}-3\sec^{-1}\left(\frac{x}{3}\right)+C$$

介绍完了前两种类型，相信你对另一种类型的置换方法也有了点概念。我们来看看。

7.2.3 $\sqrt{a^2-x^2}$ 型

本型基本招法：

1）先令 $x=a\sin\theta\left(0<\theta<\frac{\pi}{2}\right)$，

于是 $\mathrm{d}x=a\cos\theta\mathrm{d}\theta$，$\sqrt{a^2-x^2}=a\cos\theta$，

把上面的成果代入原积分式子后就可求出积分。

2）再利用代数手段，或者参考下列三角形，清除 θ 请回 x。

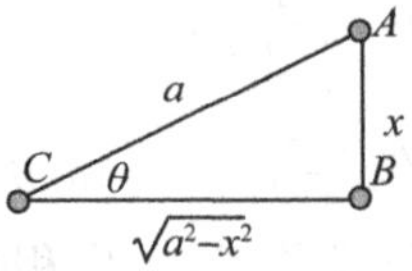

我们现学现卖，来做个例题玩玩。

例 7-9） 计算 $\int \frac{1}{x^2\sqrt{9-x^2}}\mathrm{d}x$。

解：现学现用：令 $x=3\sin\theta\left(0<\theta<\frac{\pi}{2}\right)$，

则 $\mathrm{d}x=3\cos\theta\mathrm{d}\theta, \sqrt{a^2-x^2}=3\cos\theta$，

$$\text{于是}\int \frac{1}{x^2\sqrt{9-x^2}}\mathrm{d}x=\int \frac{1}{9\sin^2\theta\cdot 3\cos\theta}3\cos\theta\mathrm{d}\theta$$

$$=\frac{1}{9}\int \csc^2\theta\mathrm{d}\theta=-\frac{1}{9}\cot\theta+C$$

参考上图，立刻得到：

$$\int \frac{1}{x^2\sqrt{9-x^2}}\mathrm{d}x=-\frac{1}{9}\cdot\frac{\sqrt{9-x^2}}{x}+C$$

至此，三种解决带根号函数的积分的招式全部介绍完毕。如果说就靠这三板斧通吃不定积分，我承认不够。但是对于一般考试，应该够用。

由于三角函数置换法产生了大量的三角函数的积分，因此对这一类的积分的路数，也应该略知一二。

首先来看一下，这个形式的积分 $\int \sin^m x\cos^n x\,\mathrm{d}x$（$m$、$n$ 均为自然数）。

①如果 m 或 n 有一个是奇数，不妨假设 $m=2k+1$。此时可以把这 $2k+1$ 个 $\sin x$ 拆开，一个放到后边和 $\mathrm{d}x$ 结合，另外的留守改编即可。改编的原则是 $\sin^2 x+\cos^2 x=1$，这样一来该积分就变成：

$$\int \sin^m x\cos^n x\,\mathrm{d}x=\int (\sin^2 x)^k\cos^n x\sin x\,\mathrm{d}x=\int (1-\cos^2 x)^k\cos^n x\,\mathrm{d}(-\cos x)$$

$$=-\int (1-u^2)^k u^n\,\mathrm{d}u\,(u=\cos x) \tag{7-4}$$

这么一玩，我们就把原本挺复杂的三角函数的积分，去掉包装，变成了多项式函数的积分。

②同样道理，如果 $n=2p+1$ 为奇数，则有：

$$\int \sin^m x \cos^n x \, dx = \int (1-v^2)^p v^m \, dv \, (v=\sin x) \tag{7-5}$$

同样，这也归结为一个多项式函数的积分问题。

③如果 m,n 都是偶数，先用倍角公式降次数，公式如下：

$$\begin{cases} \sin^2 x = \dfrac{1-\cos 2x}{2} \\ \cos^2 x = \dfrac{1+\cos 2x}{2} \end{cases}$$

然后再伺机行动。

相信你已经摩拳擦掌了吧。咱们这就找两个例题来练练手！

例 7-10） 计算 $\int \sin^7 x \cos^3 x \, dx$。

解：
$$\begin{aligned}\int \sin^7 x \cos^3 x \, dx &= \int \sin^7 x (1-\sin^2 x) \cos x \, dx \\ &= \int (\sin^7 x - \sin^9 x) \, d(\sin x) \\ &= \frac{1}{8}\sin^8 x - \frac{1}{10}\sin^{10} x + C\end{aligned}$$

例 7-11） 计算 $\int \cos^4 x \, dx$。

解：
$$\begin{aligned}\int \cos^4 x \, dx &= \int \left(\frac{1+\cos 2x}{2}\right)^2 dx \\ &= \frac{1}{4}\int \left[1 + 2\cos 2x + \left(\frac{1+\cos 4x}{2}\right)\right] dx \\ &= \frac{1}{4}\int \left(\frac{3}{2} + 2\cos 2x + \frac{1}{2}\cos 4x\right) dx \\ &= \frac{3}{8}x + \frac{1}{4}\sin 2x + \frac{1}{32}\sin 4x + C\end{aligned}$$

再来考察一下这个类型的积分：$\int \tan^m x \sec^n x \, dx$（$m,n$ 均为自然数）。

和处理正弦余弦问题一样，我们将依据 m 的奇偶性来分别采用不同的手法，把复杂的三角函数的积分问题，转化为多项式函数的积分问题。

①先假设 m 为奇数（$m=2k+1$），

利用 $\sec x \tan x \, dx = d(\sec x)$ 和 $\sec^2 x - 1 = \tan^2 x$，可得：

$$\int \tan^m x \sec^n x dx = \int (\sec^2 x - 1)^k \sec^{n-1} x \, d(\sec x)$$

$$=\int (u^2-1)^k u^{n-1}\mathrm{d}u\,(u=\sec x) \tag{7-6}$$

走到这里，就来到了多项式函数的积分领域了。

②再来考察 n，如果 n 为偶数($n=2p$)，

利用 $\sec^2 x\mathrm{d}x=\mathrm{d}(\tan x)$ 以及$\sec^2 x=\tan^2 x+1$，得到：

$$\int \tan^m x\sec^n x\mathrm{d}x=\int \tan^m x(\tan^2 x+1)^{p-1}\mathrm{d}(\tan x)$$

$$=\int u^m(u^2+1)^{p-1}\mathrm{d}u\,(u=\tan x) \tag{7-7}$$

和①一样，又将敌人引入了我们的火力控制范围。目标达成！

继续玩例题练手：

例 7-12） 计算 $\int (\tan x\sec x)^4\mathrm{d}x$。

解：试着采用式(7-7)：

$$\begin{aligned}\int (\tan x\sec x)^4\mathrm{d}x&=\int \tan^4 x\sec^2 x\sec^2 x\mathrm{d}x\\&=\int \tan^4 x(\tan^2 x+1)\mathrm{d}(\tan x)\\&=\frac{1}{7}\tan^7 x+\frac{1}{5}\tan^5 x+C\end{aligned}$$

例 7-13） 计算 $\int \tan^3 x\sec^6 x\mathrm{d}x$。

解：这一次采用式(7-6)：

$$\begin{aligned}\int \tan^3 x\sec^6 x\mathrm{d}x&=\int \tan^2 x\sec^5 x\tan x\sec x\mathrm{d}x\\&=\int (\sec^2 x-1)\sec^5 x\mathrm{d}(\sec x)\\&=\frac{1}{8}\sec^8 x-\frac{1}{6}\sec^6 x+C\end{aligned}$$

最后，再来看一下这个形式的积分：$\int \sin Ax\cos Bx\mathrm{d}x$，$\int \sin Ax\sin Bx\mathrm{d}x$，$\int \cos Ax\cos Bx\mathrm{d}x$。

对付它们，我们最有力的武器就是中学学过的三角函数积化和差公式，现在一并公布，一款对一症。

$$\sin A\cos B=\frac{1}{2}[\sin(A+B)+\sin(A-B)] \tag{7-8}$$

$$\sin A\sin B=\frac{1}{2}[\cos(A-B)-\cos(A+B)] \tag{7-9}$$

$$\cos A\cos B=\frac{1}{2}[\cos(A-B)+\cos(A+B)] \tag{7-10}$$

试着玩一把?

例 7-14) 计算 $\int\sin 7x\sin 3x\,\mathrm{d}x$。

解:治这个"病",得用"处方"式(7-9):

$$\begin{aligned}\int\sin 7x\sin 3x\,\mathrm{d}x&=\int\frac{1}{2}[\cos(7x-3x)-\cos(7x+3x)]\mathrm{d}x\\&=\frac{1}{2}\int(\cos 4x-\cos 10x)\mathrm{d}x\\&=\frac{1}{8}\sin 4x-\frac{1}{20}\sin 10x+C\end{aligned} \tag{7-11}$$

尽管我们已经对几种三角函数的积分形态做了介绍,但是要对浩瀚的三角函数大军的积分,来一个包治百病的方子,绝对不可能。

7.3 有理函数积分

我们知道,所谓有理函数,就是两个多项式函数的商:

$$f(x)=\frac{P(x)}{Q(x)}=\frac{p_nx^n+p_{n-1}x^{n-1}+\cdots+p_1x+p_0}{q_mx^m+q_{m-1}x^{m-1}+\cdots+q_1x+q_0} \tag{7-12}$$

因而,我们本节将要讨论的是这样的积分:$\int\frac{P(x)}{Q(x)}\mathrm{d}x$。

上列有理函数,当 $n\geqslant m$ 时,用初等数学的多项式除法,总能把有理函数表达为:

$$\frac{P(x)}{Q(x)}=P_1(x)+\frac{p_rx^r+p_{r-1}x^{r-1}+\cdots+p_1x+p_0}{q_mx^m+q_{m-1}x^{m-1}+\cdots+q_1x+q_0}\quad(r\leqslant m)$$

其中,$P_1(x)$ 是一个多项式函数。这样求 $\int\frac{P(x)}{Q(x)}\mathrm{d}x$ 的关键,就转化为求这样的积分:

$$\int\frac{p_rx^r+p_{r-1}x^{r-1}+\cdots+p_1x+p_0}{q_mx^m+q_{m-1}x^{m-1}+\cdots+q_1x+q_0}\mathrm{d}x\quad(r\leqslant m) \tag{7-13}$$

我们先热一下身，把分母函数为一次和二次函数的情形弄通弄熟，再深入探讨一般情况。

1) $\int \frac{1}{ax+b}\mathrm{d}x$ 型

这个简单，就直接写吧：

$$\int \frac{1}{ax+b}\mathrm{d}x=\frac{1}{a}\int \frac{1}{ax+b}\mathrm{d}(ax+b)=\frac{1}{a}\ln|ax+b|+C \qquad (7-14)$$

2) $\int \frac{Ax+B}{ax^2+bx+c}\mathrm{d}x$ 型

谁都知道，二次方程 $ax^2+bx+c=0$ 根的个数只有三种可能：2、1、0。我们就按这个顺序来说事儿。

a) 设 x_1,x_2 为方程 $ax^2+bx+c=0$ 的两个根，则此时被积函数一定可以表达成：

$$\frac{Ax+B}{ax^2+bx+c}=\frac{C}{x-x_1}+\frac{D}{x-x_2} \qquad (7-15)$$

根据式(7-15)，可以列出两个方程从而解出 C,D，然后利用式(7-14)，事儿就办成了。

例 7-15) 计算 $\int \frac{1}{x^2-5x+4}\mathrm{d}x$。

解：由于 $x^2-5x+4=(x-1)(x-4)$，或者说 1,4 是这个方程的两个根。所以可设：

$$\frac{1}{x^2-5x+4}=\frac{c}{x-1}+\frac{d}{x-4}=\frac{(c+d)x+(-4c-d)}{(x-1)(x-4)}$$

$$\begin{cases}c+d=0\\-4c-d=1\end{cases}\Rightarrow\begin{cases}c=-\dfrac{1}{3}\\d=\dfrac{1}{3}\end{cases}$$

因此，

$$\int \frac{1}{x^2-5x+4}\mathrm{d}x=\int \frac{1}{3}\left(\frac{1}{x-4}-\frac{1}{x-1}\right)\mathrm{d}x=\frac{1}{3}\ln|x-4|-\frac{1}{3}\ln|x-1|+C$$

例 7-16) 计算 $\int \frac{x}{x^2+x-2}\mathrm{d}x$。

解：解这道题可以参照上一题的思路。

因为 $x^2+x-2=(x+2)(x-1)$，所以：

$$\frac{x}{x^2+x-2}=\frac{c}{x+2}+\frac{d}{x-1}=\frac{(c+d)x+(-c+2d)}{x^2+x-2}\Rightarrow\begin{cases}c=\dfrac{2}{3}\\ d=\dfrac{1}{3}\end{cases}$$

因此，$\displaystyle\int\frac{x}{x^2+x-2}\mathrm{d}x=\int\left(\frac{2}{3}\cdot\frac{1}{x+2}+\frac{1}{3}\cdot\frac{1}{x-1}\right)\mathrm{d}x$

$$=\frac{2}{3}\ln|x+2|+\frac{1}{3}\ln|x-1|+C$$

这种类型，可以多留点心，因为考频较高。

b）方程 $ax^2+bx+c=0$ 只有一个重根 x_0，此时被积函数可以写成：

$$\frac{Ax+B}{ax^2+bx+c}=\frac{c}{x-x_0}+\frac{d}{(x-x_0)^2} \tag{7-16}$$

这样就可以解出 c、d。对上边的式子两边积分就得到：

$$\int\frac{Ax+B}{ax^2+bx+c}\mathrm{d}x=\int\left[\frac{c}{x-x_0}+\frac{d}{(x-x_0)^2}\right]\mathrm{d}x$$

$$=c\ln|x-x_0|-\frac{d}{x-x_0}+C \tag{7-17}$$

例 7-17） 计算 $\displaystyle\int\frac{x}{x^2-4x+4}\mathrm{d}x$。

解：易知，$x^2-4x+4=(x-2)^2$，所以

$$\frac{x}{x^2-4x+4}=\frac{c}{x-2}+\frac{d}{(x-2)^2}=\frac{cx+(-2c+d)}{x^2-4x+4}\Rightarrow\begin{cases}c=1\\ d=2\end{cases}$$

所以有：$\displaystyle\int\frac{x}{x^2-4x+4}\mathrm{d}x=\int\left[\frac{1}{x-2}+\frac{2}{(x-2)^2}\right]\mathrm{d}x$

$$=\ln|x-2|-\frac{2}{x-2}+C$$

c）方程 $ax^2+bx+c=0$ 没有实数根，也就是说 $b^2-4ac<0$。此时方程的左边，可做如下改造：

$$ax^2+bx+c=a\left(x+\frac{b}{2a}\right)^2-\frac{b^2-4ac}{4a}$$

$$=a\left[\left(x+\frac{b}{2a}\right)^2+\left(\sqrt{\frac{4ac-b^2}{4a^2}}\right)^2\right]$$

于是，我们的任务已经转为搞定这样的积分：

$$\int \frac{Ax+B}{(x+x_0)^2+m^2}\mathrm{d}x\left(x_0=\frac{b}{2a}\right)$$

对这样的积分，做如此置换：$x+x_0=mu$ ，代入之后，我们的前进道路上，一定会碰到这样打扮的东西：

$$\int \frac{px+q}{x^2+1}\mathrm{d}x$$

走到这儿，算是看到胜利的曙光了，前进！

$$\int \frac{px+q}{x^2+1}\mathrm{d}x=p\int \frac{x}{x^2+1}\mathrm{d}x+q\int \frac{1}{x^2+1}\mathrm{d}x=\frac{1}{2}p\ln(x^2+1)+q\arctan x+C$$

例 7-18) 计算 $\int \frac{2x+3}{x^2-4x+13}\mathrm{d}x$。

解：就用刚刚学过的招式比划吧！

$$\begin{aligned}\int \frac{2x+3}{x^2-4x+13}\mathrm{d}x&=\int \frac{2x+3}{(x-2)^2+9}\mathrm{d}x\\&=\int \frac{2(3u+2)+3}{(3u)^2+9}\mathrm{d}(3u+2)\,(x-2=3u\Rightarrow x=3u+2)\\&=\frac{1}{3}\int \frac{6u+7}{u^2+1}\mathrm{d}u=\frac{1}{3}\left[3\ln(u^2+1)+7\arctan u\right]+C\\&=\ln\left[\left(\frac{x-2}{3}\right)^2+1\right]+\frac{7}{3}\arctan\left(\frac{x-2}{3}\right)+C\end{aligned}$$

好，我们接着介绍有理函数的积分。

一般来说，形如式（7－13）中的被积函数，如果分母函数：$q_m x^m+q_{m-1}x^{m-1}+\cdots+q_1x+q_0$，

1) 含因子 $x-x_0$，则展开后的被积函数一定有一个我们熟悉的函数 $\frac{a_0}{x-x_0}$；

2) 含因子 $(x-x_0)^p$ ，那么展开后的函数一定有我们可以收拾的 $\frac{a_1}{(x-x_0)^1},\frac{a_2}{(x-x_0)^2},\cdots,\frac{a_p}{(x-x_0)^p}$；

3) 含因子 $ax^2+bx+c\,(b^2-4ac<0)$ ，则展开后的函数里，一定可见我们学过的：$\frac{Ax+B}{ax^2+bx+c}$；

4) 含因子 $(ax^2+bx+c)^p\,(b^2-4ac<0)$，那么展开后的队伍里一定有：

$$\frac{A_1x+B_1}{(ax^2+bx+c)^1},\frac{A_2x+B_2}{(ax^2+bx+c)^2},\cdots,\frac{A_px+B_p}{(ax^2+bx+c)^p}。$$

掌握这些基本的特征，加上我们已经熟悉的分母为二次函数的有理函数的积分，可以说，对很多有理函数的积分问题，我们已经不含糊了。

最后再来两个小题目练练手。

还记得例题 6-11)吗？当时，我们走到了积分。

例 7-19) 计算 $L=\int_0^2\sqrt{1+4y^2}\,dy$。

解：当时我们用 4 个子区间的黎曼和得到一个近似值 4.626 723。现在，可以用刚学到手段干掉它了。令 $y=\frac{1}{2}\tan u$，不难看出：$y=2$ 时，$u=\arctan 4$；$y=0$ 时，$u=0$。所以：

$$L=\int_0^2\sqrt{1+4y^2}\,dy=\int_0^{\arctan 4}\sqrt{1+\tan^2u}\,d\left(\frac{1}{2}\tan u\right)=\frac{1}{2}\int_0^{\arctan 4}\sec^3u\,du \tag{7-18}$$

我们已经有足够的力量来对付不定积分 $\int\sec^3u\,du$。就拿分部积分法作为我们的起手式：

$$\begin{aligned}\int\sec^3u\,du&=\int\sec u\,d(\tan u)=\sec u\tan u-\int\tan u\,d(\sec u)\\&=\sec u\tan u-\int\tan^2u\sec u\,du=\sec u\tan u-\int(\sec^2u-1)\sec u\,du\\&=\sec u\tan u+\int\sec u\,du-\int\sec^3u\,du\end{aligned}$$

走到这里，在等式右边又看到了左边的同类项，所以

$$\int\sec^3u\,du=\frac{1}{2}\left(\sec u\tan u+\int\sec u\,du\right) \tag{7-19}$$

现在，焦点又变成了求 $\int\sec u\,du$，我们用三角函数积分结合多项式积分可以得到：

$$\begin{aligned}\int\sec u\,du&=\int\frac{\cos u}{\cos^2u}du\\&=\int\frac{1}{1-\sin^2u}d(\sin u)\\&=\frac{1}{2}\int\left(\frac{1}{1+\sin u}+\frac{1}{1-\sin u}\right)d(\sin u)\end{aligned}$$

$$=\frac{1}{2}(\ln|\sin u+1|-\ln|1-\sin u|)+C$$

$$=\frac{1}{2}\ln\frac{1+\sin u}{1-\sin u}+C$$

注意到：$\frac{1+\sin u}{1-\sin u}=\frac{1+\sin u}{1-\sin u}\cdot\frac{1+\sin u}{1+\sin u}=\left(\frac{1+\sin u}{\cos u}\right)^2=(\sec u+\tan u)^2$

上列式子简化写成：

$$\int\sec u\,\mathrm{d}u=\ln|\sec u+\tan u|+C \tag{7-20}$$

把式(7-20)代入式(7-19)，得到：

$$\int\sec^3 u\,\mathrm{d}u=\frac{1}{2}\sec u\tan u+\frac{1}{2}\ln|\sec u+\tan u|+C \tag{7-21}$$

将式(7-21)应用到式(7-18)：

$$L=\frac{1}{4}(\sec u\tan u+\ln|\sec u+\tan u|)\Big|_0^{\arctan 4}=4.646\ 784$$

至此，我们用纯正的数学手法得到了弧长 L 的精确值，真是殊途同归啊！虽然精确，但的确够麻烦的！中间任何一个地方出点小差错，前功尽弃。

遥想当年数学家们计算比这个复杂百倍以上的运算，如果中间一个不留神，可能几个月的计算就得重来！该多么坚毅、多么自律，才能给后人留下这么多宝贵的数学遗产！向前辈们致敬！

例 7-20) 计算 $\int\frac{\sqrt{x+9}}{x}\mathrm{d}x$。

解：乍一看，本题没啥，第一感觉就是做个置换 $u=x+9$，然后呢？原来的积分就变成：

$$\int\frac{\sqrt{x+9}}{x}\mathrm{d}x=\int\frac{\sqrt{u}}{u-9}\mathrm{d}u$$

这个新积分，没有比原来的积分更简单，咋整呢？让无理的东西讲讲理，做这么个置换试试：$u=\sqrt{x+9}\Rightarrow u^2=x+9\Rightarrow 2u\,\mathrm{d}u=\mathrm{d}x$，这么一来，原来那个无理的积分看起来有理多了：

$$\int\frac{\sqrt{x+9}}{x}\mathrm{d}x=\int\frac{u}{u^2-9}\cdot 2u\,\mathrm{d}u=2\int\frac{u^2}{u^2-9}\mathrm{d}u$$

对这么个积分，我们现在是满身的本事，直接写吧！

$$\begin{aligned}\int \frac{\sqrt{x+9}}{x}\mathrm{d}x &= 2\int \frac{u^2}{u^2-9}\mathrm{d}u \\ &= 2\int\left(1+\frac{9}{u^2-9}\right)\mathrm{d}u \\ &= 2\int\left[1+\frac{3}{2}\left(\frac{1}{u-3}+\frac{1}{u+3}\right)\right]\mathrm{d}u \\ &= 2u+3\ln\left|\frac{u-3}{u+3}\right|+C\end{aligned}$$

好不容易走到这儿，千万别忘了把 u 再置换为 x：

$$\int \frac{\sqrt{x+9}}{x}dx = 2\sqrt{x+9}+3\ln\left|\frac{\sqrt{x+9}-3}{\sqrt{x+9}+3}\right|+C$$

关于有理函数的积分，我们已经学了不少了。但，是不是随便给咱一个有理函数，咱都可以轻松搞定，非也！

学无止境啊！我们迄今为止学的虽是“干货”，但也只是皮毛。实际上，有很多不定积分，哪怕是有理函数的不定积分，别说我们，就连比我们多修行很多年的大咖也束手无策。当然，如果是定积分，我们总可以用黎曼和来趟趟水，搞个近似的“小动作”。

但是无论如何，多练习总是好事。我们来练练！

练习七

7-1) 用分部积分法求下列不定积分：

(1) $\int x\sin 3x\,\mathrm{d}x$；　　(2) $\int x\mathrm{e}^{ax}\,\mathrm{d}x$；

(3) $\int x^2\sin 2x\,\mathrm{d}x$；　　(4) $\int \arcsin x\,\mathrm{d}x$；

(5) $\int x(\ln x)^2\,\mathrm{d}x$；　　(6) $\int \mathrm{e}^{at}\sin bt\,\mathrm{d}t$；

(7) $\int x\tan^2 x\,\mathrm{d}x$；　　(8) $\int (\arcsin x)^2\,\mathrm{d}x$。

7-2) 计算如下定积分：

(1) $\int_0^1 (x^2+1)\mathrm{e}^x\,\mathrm{d}x$；　　(2) $\int_0^{2\pi} x^2\sin 2t\,\mathrm{d}t$。

7-3）求下列不定积分：

（1）$\int \sin^3\theta\cos^5\theta \mathrm{d}\theta$；（2）$\int x\sin^3 x \mathrm{d}x$；

（3）$\int \tan^2\theta \mathrm{d}\theta$；（4）$\int \frac{1}{1-\cos\theta}\mathrm{d}\theta$。

7-4）求下列积分：

（1）$\int_0^a \frac{1}{(a^2+x^2)^{\frac{3}{2}}}\mathrm{d}x$；（2）$\int x^3\sqrt{1-x^2}\,\mathrm{d}x$；

（3）$\int_0^1 \sqrt{x^2+1}\,\mathrm{d}x$；（4）$\int \frac{\sqrt{x^2-9}}{x^3}\mathrm{d}x$；

（5）$\int_0^a x^2\sqrt{a^2-x^2}\,\mathrm{d}x$；（6）$\int \frac{1}{\sqrt{t^2-4t+9}}\mathrm{d}t$。

7-5）求下列不定积分：

（1）$\int \frac{x^4+2}{x-1}\mathrm{d}x$；（2）$\int \frac{2x}{(x+3)(3x-1)}\mathrm{d}x$；

（3）$\int \frac{4x}{x^3+x^2+x+1}\mathrm{d}x$；（4）$\int \frac{1}{x^3+1}\mathrm{d}x$；

（5）$\int \frac{\mathrm{e}^{2x}}{\mathrm{e}^{2x}-3\mathrm{e}^x+2}\mathrm{d}x$；（6）$\int \frac{x^3}{\sqrt[3]{x^2+1}}\mathrm{d}x$。

第八章 微分方程

第八章

CHAPTER 8

有了前七章的历练，我们已经具备了和非常简单的微分方程玩一把的能力，让我们学中有玩、玩中有学。

说实话，微分方程实在是复杂得很，我们这点本事连入门都算不上，只能算是对微分方程瞥上一眼。

8.1 可分离微分方程(Separable Differential Equations)

我们知道，所谓方程，就是含有未知数的等式。所谓微分方程，就是含有未知函数导数的方程。解方程的目标是求未知数，而解微分方程的目的是去除导数，求出未知函数。

微分方程，按涉及的导数的阶数分阶。

例如：$y''+2x^2y'+4x=0$ 就是一个二阶微分方程，而 $y'=ky$ 就是一个一阶微分方程。

我们连高次代数方程都没有特别好的解决办法，对于更复杂的微分方程，又是入门课程，当然只能解决最简单的微分方程。

这最简单的微分方程，就是可分离变量的微分方程，一般都长这模样：

$$\frac{\mathrm{d}y}{\mathrm{d}x}=f(x)g(y) \tag{8-1}$$

很显然，如果上面的方程再简单一点，简单到 $g(y)=1$，那么解方程就变成了求不定积分。

对这样的方程，治理模式是把和 x 沾边的都放到等式右边，把和 y 有关的都放在等式左边，然后对两边都做一个积分的“小手术”，这样就可以去除导数，把微分方程(8-1)改写为只有 x,y 参与的方程。至此，任务就算完成了。

篇幅有限，直接通过例题来诠释原理吧。

例 8-1) 求解方程 $y'=xy+6x$。

解:先把待解方程改写为式(8-1)那样的标准形式，然后一步步地走向胜利。

$$y'=xy+6x \Leftrightarrow \frac{\mathrm{d}y}{\mathrm{d}x}=x(y+6) \Rightarrow \frac{\mathrm{d}y}{y+6}=x\mathrm{d}x$$

$$\Rightarrow \int\frac{\mathrm{d}y}{y+6}=\int xdx \Rightarrow \ln|y+6|=\frac{1}{2}x^2+C$$

走到这儿，任务已经完成一大半了，因为已经成功“驱逐了”导数。但是，追求完美的我们，还可以走得更远一点。

$$\ln|y+6|=\frac{1}{2}x^2+C\Rightarrow|y+6|=e^{\frac{1}{2}x^2+C}\Rightarrow y=\pm e^{\frac{1}{2}x^2+C}-6$$

最终，我们得到了完美的结果，求出了未知函数 y。由于在求解的过程中，我们用到了不定积分，因而最后的函数，是一组函数而不是一个单一的函数。

当然，如果给这个方程加一点限制条件，我们就可能得到唯一解。这个限制条件，就称作初始条件（Initial Condition）。

例 8-2） 解方程：

$$\frac{dy}{dt}=ky(y(0)=C_0) \tag{8-2}$$

解：这又是一个标准的可分离的微分方程，用上一题的同样手法解题：

$$\frac{dy}{dt}=ky\Rightarrow\frac{dy}{y}=k\,dt\Rightarrow\int\frac{dy}{y}=\int k\,dt\Rightarrow\ln|y|=kt+C$$

$$y=\pm e^{kt+C}=\pm e^C e^{kt}$$

把初始条件 $y(0)=C_0$ 代入上式，得到 $\pm e^C=C_0$，也就是说：

$$y=C_0e^{kt} \tag{8-3}$$

式(8-2)中的微分方程，讲述的是一个这样的故事：一个函数的即时变化率和函数本身成比例。当然，其中的关键系数 k 为正时，这个比例成正比。反之，成反比。我们经常说的以指数速度增长或者以指数速度衰减，说的就是这样的函数。

这个方程广泛应用于近似计算，如投资或存款的复利计算、人口的自然增长率、放射性物质的衰减、细菌的繁殖以及物体温度的冷却等实际问题中。当然在这些计算中，函数 y 的值始终为正，我们也就不用操心那个负号了。

例 8-3） 一个国家的人口的年增长率和它的人口成比例，如果这个比例是 2.0%，请问经过多长时间，这个国家的人口数会翻倍。

解：这实际上是给了我们一个形如式(8-2)的简单的微分方程：

$$\frac{dP}{dt}=0.02P$$

问题问的就是从 $t=0$ 开始计算，经过多长时间人口数量 P 可以达到 $2P_0$。对这样的问题，直接套用公式(8-3)即可：

$$2P_0=P_0e^{0.02t}\Rightarrow e^{0.02t}=2\Rightarrow t=\frac{\ln 2}{0.02}=34.66(\text{年})$$

照这么计算，一个国家的人口自然增长率如果保持在 2.0%，人口数经过 35 年就会翻番。

联想到我们国家的人口，从 1949 年底的 5.42 亿，到 1986 年底的 10.75 亿，用了 37 年，差不多翻番。如果式(8-3)的模式准确的话，我们的人口平均自然增长率应该在 2.0%低一点点的程度。实际上，在此期间，我们国家的人口增长率不稳定。

由此可见，所有用来近似计算实际问题的简单的数学模式，都存在误差，因而只能作为参考。

例 8-4) 放射性物质镭-226 的衰减速度与它的存量成比例，如果衰减一半的时间是 1 600 年，请问衰减十分之一的量，需要多长时间。

解：设 $R(t)$ 为镭在 t 时间的存量，则 $\frac{dR}{dt}=kR$，所以 $R=R_0e^{kt}$，依题意有：

$$\frac{1}{2}R_0=R_0e^{1\,600k}\Rightarrow 1\,600k=\ln 0.5\Rightarrow k=-0.000\,433\,2$$

如果要求衰减十分之一的量，我们就有：

$$\frac{9}{10}R_0=R_0e^{-0.000\,433\,2t}\Rightarrow t=\frac{\ln 0.9}{-0.000\,433\,2}\approx 243(\text{年})$$

仅仅衰减十分之一的量，就得 200 多年！

再回头看看那个模拟人口增长率的微分方程：$\frac{dP}{dt}=kP$，有人对这个公式提出质疑，原因是，这么算下去，人口增长是没有上限的。而实际上，一个社会、一个国家乃至整个地球，由于资源量所限，能够承载的人口量是有上限的。

假设这个人口能够达到的最大值是 M 的话，有数学家提出了这样一个模型：

$$\frac{dP}{dt}=kP\left(1-\frac{P}{M}\right) \tag{8-4}$$

实际上，当 P 跟 M 相比非常小时，式(8-4)可以约等于 $\frac{dP}{dt}=kP$。

仔细观察式(8-4)会发现：在这个模型下，人口增长率 $\frac{dP}{dt}$，将随着人口数量 P 与极限值 M 的渐行渐近而接近零。也就是说，极限值 M 将成为人口数量 P 的终极目标。亦即：

$$\lim_{t\to\infty} P(t) = M \tag{8-5}$$

当然，式(8-5)只是我们最朴素的猜测而已，是否真的如此，得解出来 P 才行。解式(8-4)并不难，它本身是一个可分离的微分方程。直接按套路走即可：

$$\frac{\mathrm{d}P}{\mathrm{d}t} = kP\left(1-\frac{P}{M}\right) \Rightarrow \frac{\mathrm{d}P}{P\left(1-\frac{P}{M}\right)} = k\,\mathrm{d}t \Rightarrow \frac{M\mathrm{d}P}{P(M-P)} = k\,\mathrm{d}t$$

$$\int \frac{M\mathrm{d}P}{P(M-P)} = \int k\,\mathrm{d}t$$

这个方程的左边的积分函数，是上一章我们专门讨论过的二次有理函数，不难得到：

$$\int k\,\mathrm{d}t = \int \frac{M\mathrm{d}P}{P(M-P)} = \int \left(\frac{1}{P} + \frac{1}{M-P}\right) \mathrm{d}P$$

$$\Rightarrow kt + C = \ln|P| - \ln|M-P| = \ln\left|\frac{P}{M-P}\right|$$

$$\Rightarrow \left|\frac{P}{M-P}\right| = \mathrm{e}^{kt+C} \Rightarrow \frac{P}{M-P} = \mathrm{e}^{kt+C} \ (\because 0 < P < M)$$

$$\Rightarrow P = \frac{M\mathrm{e}^{kt+C}}{\mathrm{e}^{kt+C}+1} = \frac{M}{1+\mathrm{e}^{-C}\mathrm{e}^{-kt}}$$

考虑到 C 本身是一个常数，上列式子也可以按照我们的习惯写成：

$$P = \frac{M}{1+C\mathrm{e}^{-kt}} \quad (C\text{ 为常数}) \tag{8-6}$$

对式(8-6)求极限，自然可以得到式(8-5)。典型的 P 函数图形如下图所示：

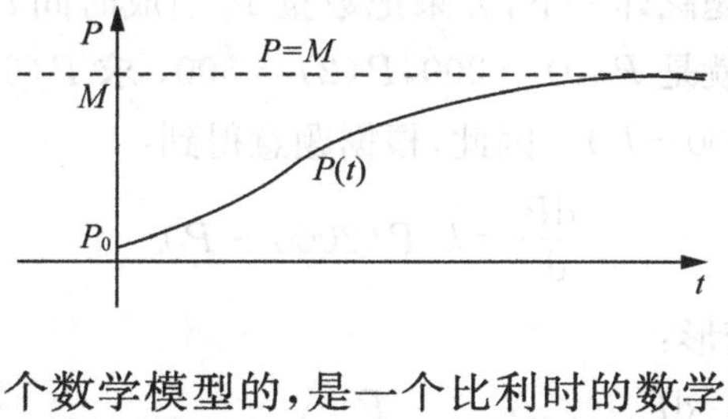

提出式(8-4)这个数学模型的，是一个比利时的数学家兼生物学家，名叫 Pierre-François Verhulst。这位数学家在 19 世纪，给这种方程命名为 Logistic Differential Equation。

如果你要记忆这个方程的名字，拜托你就记住英文原文即可。为啥？因为，现有的翻译实在是不能让人满意。

数学很棒的生物学家 Pierre-François Verhulst

皮埃尔先生当年的意思是说，生物组群的成长是受族群维护正常活动所需的各种资源所限的，这各种资源的总和就是 Logistics，有人把它翻译成后勤也有人更时髦点把它翻译成物流，倒是都沾边。因为和 Logistics 有关，所以人家给方程冠名 Logistic。

看个例题吧。

例 8-5） 某种动物受食物、水源、空间、天敌等所限，最多不超过 2 000 只。它的数量的增长率和现有数量以及还能增长的数量都成比例。如果三年前有 200 只，一年前有 500 只，那么三年后有多少只？

解：先把这个例题翻译一下，如果把数量 P 当成时间 t 的函数，而 t 从三年前开始算的话，意思就是 $P(0)=200$，$P(2)=500$，求 $P(6)$。注意到还能增长的量实际上就是 $(2\ 000-P)$。因此，根据题意得到：

$$\frac{\mathrm{d}P}{\mathrm{d}t}=k_1 P(2000-P)$$

把这个方程变变形：

$$\frac{\mathrm{d}P}{\mathrm{d}t}=kP\left(1-\frac{P}{2\ 000}\right),k=2\ 000k_1$$

这是一个标准的 Logistic 方程，直接用式(8-6)，把 $P(0)=200$，$P(2)=500$ 代入：

$$\begin{cases}200=\dfrac{2\ 000}{1+C}\\500=\dfrac{2\ 000}{1+Ce^{-2k}}\end{cases}\Rightarrow\begin{cases}C=9\\k=\dfrac{\ln 3}{2}\end{cases}\Rightarrow P(6)=\frac{2\ 000}{1+9e^{-3\ln 3}}\approx 1\ 500(\text{只})$$

8.2 斜率场和欧拉方法

正如我们前面说过的那样，微分方程实在是太复杂，一般来说，像解一元二次方程那样，写出两个根的公式，门都没有。

但是，我们对某一类特殊的微分方程，还是有一点点办法的。尽管求精确解不可能，但是近似解是可以得到的。假以时日，随着计算机运算速度的提高，我们的近似精度，也会越来越高。关键是，近似解的求解原理你总得知道。

除了上一节提到的极特殊的微分方程，我们对如下的一类方程是可以求近似解的：

$$\frac{dy}{dx}=f(x,y) \tag{8-7}$$

对这一类的方程求近似解，一般来说有两种方法，即图形(近似)法和数值(近似)法。先介绍图形法。

8.2.1 斜率场法

斜率场法的思路是这样的，既然我们已经知道了式(8-7)，也就是说未知函数在各个点的导数或者说是未知函数在这些点的切线的倾斜方向是可以计算的。而这些方向，就是未知函数的曲线走向。

也就是说，我们即使不知道要求解的曲线是啥样子，但是我们知道它们一旦在某一点出现，它的运动方向是什么。

打个比方，我们要在全北京城寻找某个动物的运动轨迹。我们虽然不知道这条轨迹如何发展，但是我们知道，只要它在某点出现，那么它下一步往哪个方向走是确定的。

如果我们把它在一些点的运动方向都预先画上一条短短的示意线，那就对画出它的轨迹线很有帮助。而且这些点分布得越密越好。一旦有哪一点确定它出现过，那么从那一点出发，就可以一点一点地把它的轨迹画出来。

同样，我们如果把未知函数在平面上一些点的斜率按照式(8-7)计算出来，并且把它们的方向，用小短线标注在坐标系上，我们就为下一步找出函数的近似曲线做好了准备。

这样的一张标注斜率方向的图，就叫作方向场(Direction Field)或者斜率场(Slope Field)。按照我们的描述，斜率场就如同下图这个样子：

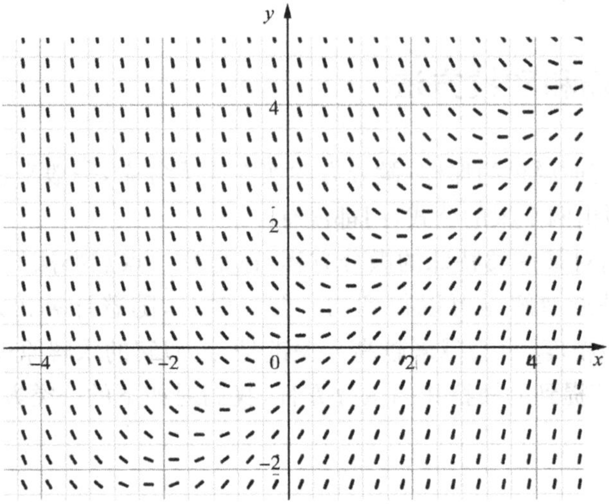

上图，实际上就是方程 $\frac{\mathrm{d}y}{\mathrm{d}x}=x-y$ 的斜率图。

根据已知条件算出各个点的斜率值也就是 $x-y$ 值，在图中的相应位置画上一条小短线方向，这些小短线的方向，就是未知函数在那一点的走向。

有这么一张图垫底，一旦方程有了初始条件 $f(x_0)=y_0$，那就在图上找到点 (x_0,y_0)，从这一点的小短线出发，就能画出经过这点的方程特解的大概图形。

如果要找经过 A 点(1,1)这一点的特解，就从这一点(斜率为 0)出发，画出的图形大致如此：

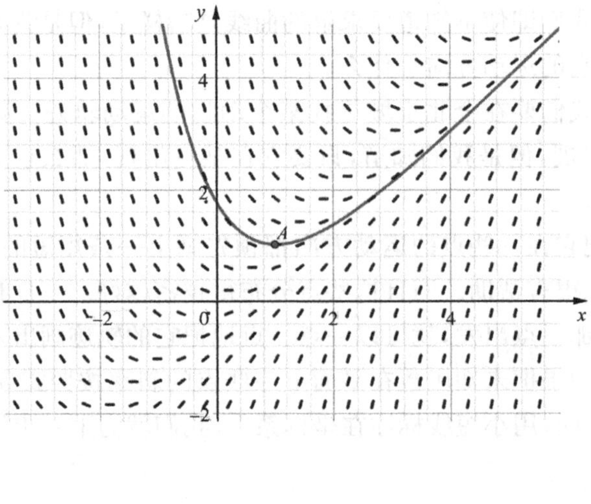

而经过 B 点(1,−1)的特解,如下图所示:

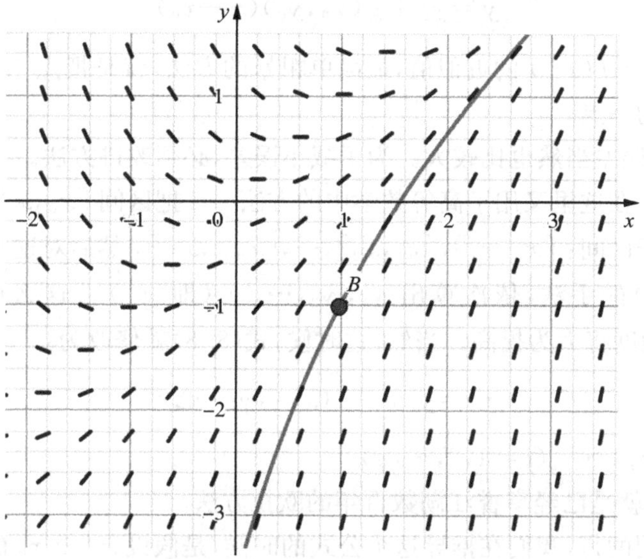

关于斜率场的学习,有几点需要说明。

1) 利用斜率场,从某一点出发画出的曲线图,是一种近似图。这种近似图的精确程度,取决于斜率场的加密程度。

2) 从斜率场出发求出的解,本身就是近似的,所以我们在把这些小短线连接起来的时候,得出不尽相同的曲线,很正常。

3) 尽管由斜率场得出的曲线图是近似的,但是别忘了斜率场是精确的。所以咱们画出的曲线,只能和斜率场的小短线们光滑接触,尽量不要有大角度的相交。可以说,斜率场法的运算,只是在列表计算各个点斜率的时候,来点算术运算,其方法是彻头彻尾的图像法。

接下来,我们介绍一种纯粹通过数学运算来计算未知函数的近似值的方法。

8.2.2 欧拉方法

欧拉方法解决的是这样一类问题:

已知过点 (x_0, y_0) 的函数 $y=f(x)$ 的导函数为: $f'(x)=g(x,y)$,求函数 $f(x)$ 在点 x^* 的值 $y^*=f(x^*)$。

欧拉所用的手法,其实我们一点都不陌生。这种方法,实际上就是我们在第四章中介绍过的线性逼近。原理如下:

既然导数的计算公式有了,那么未知函数 $f(x)$ 在点 (x_0, y_0) 的切线的斜率也就可以算出来了。这样，$f(x)$ 在点 (x_0,y_0) 的切线方程就是：

$$y=y_0+g(x_0,y_0)(x-x_0) \tag{8-8}$$

要求 $y^*=f(x^*)$ 的近似值，最简单粗暴的方法，就是把点 (x^*,y^*) 当成这条直线上的一点。

这么做，误差当然也比较大。为了减小误差，必须改进方法。

欧拉先生在这里又用了高等数学中的方法——把区间 $[x_0,x^*]$，分成 n 个相等宽度的子区间：$[x_0,x_1]$，$[x_1,x_2]$，…，$[x_{n-1},x^*]$，然后对这些子区间逐步采用式(8-8)的手法，依次算出 y_1，y_2，…，y_n（即 y^*）。这么得到的 $y^*=f(x^*)$，精确度将大为提高。当然，这时候，式(8-8)就修改为：

$$y_i=y_{i-1}+g(x_{i-1},y_{i-1})\Delta x \tag{8-9}$$

其中：$\Delta x=x_i-x_{i-1}(i=1,2,\cdots,n)$

式(8-9)就是已经享誉江湖数百年的欧拉方法。

需要说明的是，我们在推导这个公式的时候，是假设 $x^*>x_0$ 的。在用它的时候，谁大谁小无所谓，式(8-9)都成立！

例 8-6) 已知函数 $y=f(x)$ 过点(0,0)且满足 $y'=x+y$，用欧拉方法估算 $f(0.8)$，步长用 0.2，精确到小数点后 5 位。

解：既然是计算 $f(0.8)$，我们分别看看从点(0,0)到点 $(0.8,f(0.8))$ 逼近的过程中，对区间 $[0,0.8]$ 几种不同分法得到的不同结果。

1) 不分子区间：显然由于过点(0,0)的切线就是 x 轴，所以要是把点 $(0.8,f(0.8))$ 也安在这条切线上，那只能有：$f(0.8)=0$

2) 两等分：此时 $\Delta x=0.4$，按照式(8-9) 依次得到：

$y_1=0+0\times 0.4=0$

$y_2=0+0.4\times 0.4=0.160\,00$（$\because y'_1=0.4$）

3) 四等分，此时 $\Delta x=0.2$，老老实实用式(8-9)，结果如下：

$y_1=f(0.2)=0+0\times 0.2=0$

$y_2=f(0.4)=0+0.2\times 0.2=0.040\,00$（$\because y'_1=x_1+y_1=0.2$）

$y_3=f(0.6)=0.04+0.44\times 0.2=0.128\,00$（$\because y'_2=x_2+y_2=0.44$）

$y_4=f(0.8)=0.128\,00+0.728\times 0.2=0.273\,60$（$\because y'_3=x_3+y_3=0.728$）

4) 八等分：此时 $\Delta x=0.1$，我们利用式(8-9)列表计算相应的 y 值：

x	$f'(x)$	$f(x)$
0	0	0
0.1	0.1	0
0.2	0.21	0.01
0.3	0.331	0.031
0.4	0.464 1	0.064 1
0.5	0.610 51	0.110 51
0.6	0.771 56	0.171 56
0.7	0.948 72	0.248 72
0.8		0.343 59

至此，我们得到了四个结果：0、0.160 00、0.273 60、0.343 59。从感觉上，我们觉得把区间分成 8 个子区间得到的结果是最好的。

接下来，我们利用方向场的方法来求证一下。这次我们把点阵布的密一些，于是得到了如下的结果。

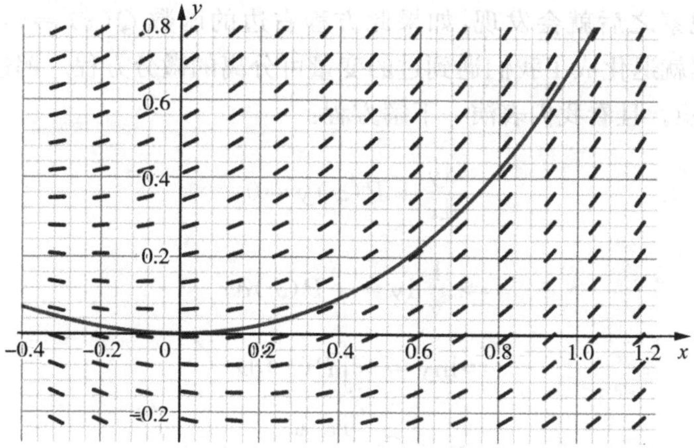

由上图可见，$f(0.8)$ 大约是不到 0.42 的位置。你一定关心，精确值到底是多少？实际上，下一节，我们就会知道，这样的方程是可以得到精确解的—— $f(x)=e^x-x-1$，因而精确值是：

$$f(0.8)=0.425\ 54$$

由此可见，近似值毕竟是近似值，有时候，误差还是不小的。但是这种求近似值的方法值得借鉴！

那么，为什么无论是用斜率场法还是用欧拉方法，得出的结果都小于精确值呢？

我们来找找原因，对方程 $y'=x+y$ 两端再求一次导数就得到：

$$y''=1+y'=1+x+y$$

从这一结果可以看出，函数的二阶导数在第一象限永远是正的。

换句话说，所有的解的图形都是下凸函数。而对所有的下凸函数来说，切线都在图形的下方。所以，由切线出发得到的所有近似值，都会比实际值要小。

8.3 一阶线性微分方程

所谓的一阶线性微分方程，就长这模样：

$$\frac{\mathrm{d}y}{\mathrm{d}x}+P(x)y=Q(x) \tag{8-10}$$

拿到这么个方程，还真是一头雾水，不知从何开始啊！

但是，观察之后就会发现，如果此方程右边的函数 $Q(x)=0$，那么式(8-10)这个方程就退化成了我们遇到过的变量可分离的微分方程。解这样的方程，我们十拿九稳。且看我们表演一下解方程：

$$\frac{\mathrm{d}y}{\mathrm{d}x}+P(x)y=0 \tag{8-11}$$

$$\begin{aligned}&\Rightarrow\frac{1}{y}\mathrm{d}y=-P(x)\mathrm{d}x\\&\Rightarrow\ln y=-\int P(x)\mathrm{d}x\\&\Rightarrow y=C\mathrm{e}^{-\int P(x)\mathrm{d}x}\end{aligned} \tag{8-12}$$

式(8-12)就是式(8-11)这个方程的通解。

科普一下，式(8-11)叫作齐次微分方程(Homogeneous Differential Equation)，自然地，那个等待解决问题的式(8-10)就叫非齐次微分方程(Non-homogeneous Differential Equation)。

我们对式(8-11)充满手段的同时，对式(8-10)一筹莫展。因此，用同样的

手段对付式(8-11)成了数学家们追求的方向。为此,他们设想式(8-10)的通解模式为:

$$y=u(x)v(x) \tag{8-13}$$

把这个式子代入到式(8-10)中,就会得到这个结果:

$$u'(x)v(x)+u(x)v'(x)+P(x)u(x)v(x)=Q(x)$$

即:

$$[v'(x)+P(x)v(x)]u(x)+[u'(x)v(x)-Q(x)]=0 \tag{8-14}$$

走到这儿,算是有思路了!因为,上边方程中左边的两个中括号中的队伍,已经进入我们的"火力圈"了。如果让上边的式子左边两个中括号中的项目都为零,这不就分别是一个齐次微分方程和一个普通积分题目吗?用老办法解决新问题!

$$v'(x)+P(x)v(x)=0\Rightarrow v(x)=Ce^{-\int P(x)\mathrm{d}x} \tag{8-15}$$

借用一下这个结果,我们就有:

$$u'(x)v(x)-Q(x)=0$$
$$\Rightarrow u'(x)-\frac{Q(x)}{v(x)}=0$$

$$u'(x)=Q(x)[v(x)]^{-1}\Rightarrow u'(x)-C^{-1}Q(x)e^{\int P(x)\mathrm{d}x}=0$$
$$\Rightarrow u'(x)=C^{-1}Q(x)e^{\int P(x)\mathrm{d}x}$$
$$\Rightarrow u(x)=C^{-1}\int Q(x)e^{\int P(x)\mathrm{d}x}\mathrm{d}x+C_1 \tag{8-16}$$

结合一下式(8-13)、式(8-15)、式(8-16),不难得到:

$$y=Ce^{-\int P(x)\mathrm{d}x}\left[C^{-1}\int e^{\int P(x)\mathrm{d}x}Q(x)\mathrm{d}x+C_1\right]$$
$$=e^{-\int P(x)\mathrm{d}x}\int e^{\int P(x)\mathrm{d}x}Q(x)\mathrm{d}x+CC_1e^{-\int P(x)\mathrm{d}x} \tag{8-17}$$

至此,式(8-10)的通解出来了。当然,没必要在一个公式里用两个待定常数。因此,我们习惯上用下面的公式来表达式(8-10)的通解:

$$y=Ce^{-\int P(x)\mathrm{d}x}+e^{-\int P(x)\mathrm{d}x}\int e^{\int P(x)\mathrm{d}x}Q(x)\mathrm{d}x \tag{8-18}$$

看出来了吧？最关键的技术活儿是无中生有的式(8-13)，其它的“不值钱”。就像修理汽车，会换配件没什么，知道换哪个配件才高明。

友情建议，以上的过程自己拿支笔在纸上花个几分钟算一遍。这样，即使你忘了式(8-18)，也照样不会被一阶线性微分方程难住。

式(8-18)也可以表达为：

$$y=\frac{1}{I(x)}\left[\int I(x)Q(x)\mathrm{d}x+C\right] \tag{8-19}$$

其中：$I(x)=\mathrm{e}^{\int P(x)\mathrm{d}x}$。

这个新函数 $I(x)$，有一个崭新的名字：积分因子。为啥呢？如果你记不住式(8-18)，直接把积分因子 $I(x)$ 乘以式(8-10)的两端，然后积分就可以求出通解。积分因子的名称由此而来。

好了，咱们也找个例题练练手吧。

就从上一节见过的例 8-6)开始吧。

例 8-6) 已知函数 $y=f(x)$ 过点(0,0)且满足 $y'=x+y$，求函数 $f(x)$。

解：方法一，直接用公式求解。

此题中，显然：$y'-y=x$

对这个方程用式(8-18)，其中 $P(x)=-1, Q(x)=x$

因此，依据式(8-18)，我们有：

$$y=C\mathrm{e}^{\int 1\mathrm{d}x}+\mathrm{e}^{\int 1\mathrm{d}x}\int \mathrm{e}^{-\int 1\mathrm{d}x}x\mathrm{d}x$$

$$=C\mathrm{e}^{x}+\mathrm{e}^{x}\int \mathrm{e}^{-x}x\mathrm{d}x$$

$$\because \int \mathrm{e}^{-x}x\mathrm{d}x=-\int x\mathrm{d}\mathrm{e}^{-x}$$

$$=-x\mathrm{e}^{-x}+\int \mathrm{e}^{-x}\mathrm{d}x\text{（分部积分法）}$$

$$=-x\mathrm{e}^{-x}-\mathrm{e}^{-x}$$

$$\therefore y=C\mathrm{e}^{x}-x-1 \tag{8-20}$$

把初始条件 $f(0)=0$ 代入上式，即得：$C=1$，所以要求的解为：

$$y=\mathrm{e}^{x}-x-1$$

方法二，用积分因子玩玩。

对方程 $y'-y=x$ 来说，我们有积分因子：

$$I(x)=e^{\int P(x)dx}=e^{-x}$$

用这个积分因子乘以原方程的两端得到：

$$e^{-x}y'-e^{-x}y=e^{-x}x$$
$$\Rightarrow(e^{-x}y)'=e^{-x}x$$
$$e^{-x}y=\int e^{-x}x\,dx+C=-xe^{-x}-e^{-x}+C$$

上式两边同乘以 e^x，我们再次得到式(8-20)，于是方程得解。

例 8-7) 已知：$xy'=y+x^2\sin x$，且 $y(\pi)=0$，求函数 y。

解：先把方程写成式(8-10)那样的标准形式：

$$y'-\frac{1}{x}y=x\sin x$$

然后，应用公式(8-18)，立刻得到：

$$y=Ce^{\int\frac{1}{x}dx}+e^{\int\frac{1}{x}dx}\int e^{-\int\frac{1}{x}dx}x\sin x\,dx$$
$$=Ce^{\ln x}+e^{\ln x}\int e^{-\ln x}x\sin x\,dx$$
$$=Cx+x\int\sin x\,dx$$
$$=Cx-x\cos x$$

再利用一下初始条件，我们有：

$$C\pi+\pi=0\Rightarrow C=-1$$

所以：$y=-x-x\cos x$ 为所求的特解。

好了，收拾停当之后，我们该向本书的最后一章进发了。

级数，久仰！

当然，出发前规定动作是通过玩几个练习来巩固一下本章的成果。

练习八

8-1）下图的四个斜率场分别对应如下四个微分方程，请找出它们的一一对应关系。

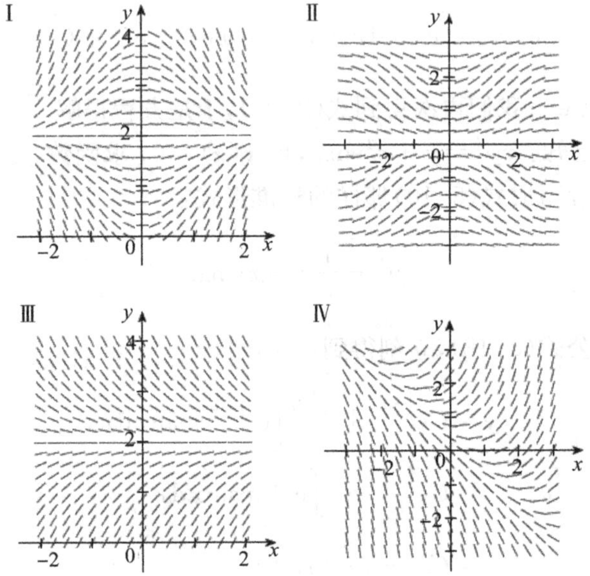

(1) $y'=2-y$；　　(2) $y'=x(2-y)$；

(3) $y'=x+y-1$；　　(4) $y'=\sin x\sin y$。

8-2）求解如下微分方程：

(1) $\dfrac{\mathrm{d}y}{\mathrm{d}x}=xy^3$；

(2) $y'=x^2y-y+x^2-1$；

(3) $(y+\sin y)y'=x+x^2$；

(4) $\dfrac{\mathrm{d}y}{\mathrm{d}\theta}=\dfrac{\mathrm{e}^y\sin^2\theta}{y\sec\theta}$。

8-3）求解满足指定初始条件的微分方程的特解：

(1) $\dfrac{\mathrm{d}y}{\mathrm{d}x}=\dfrac{x}{y}$，$y(0)=-2$；

(2) $y'=\sqrt{xy}$，$y(1)=2$；

(3) $y'\tan x=a+y$，$y\left(\dfrac{\pi}{3}\right)=a$，$0<x<\dfrac{\pi}{2}$。

8-4）已知：$y'=y-2x$，$y(1)=0$，用欧拉方法，采用 0.5 的子区间宽度，估算 $y(3)$。

8-5）已知：$4x^3y+x^4y'=\sin^3 x$，求该方程的通解。

8-6）已知：$x^2y'+2xy=\ln x$，$y(1)=2$，求 y。

级数引论

第九章

CHAPTER 9

写教学参考书的人,都习惯以给人"猎枪"自居。老朽不才,恐怕最多只能给你个弹弓。拿着它,打打笨鸟什么的还行,至于狼虫虎豹,留着让别人收拾吧。

所以,咱们学的这点级数知识,论皮毛程度,往大了说,也只能算作引论吧。

9.1 级数基本概念

高等数学的基本手法,就是按照直线待遇分段修理曲线。结果的精确度随着分段的加密而提高,当分段的段数趋于无穷大时,结果也就算修成正果了。

这样的工作,不可避免地会多次碰到要把无穷多的数加起来的情形,例如:

$$a_1+a_2+\cdots+a_n+\cdots=\sum_{n=1}^{\infty}a_n$$

我们就把一个这样形式的和叫作无穷级数(Infinie Series)或者级数。级数可以记为:$a_1+a_2+\cdots+a_n+\cdots$ 或者简记为 $\sum\limits_{n=1}^{\infty}a_n$,甚至干脆写成 $\sum a_n$ 。

级数表达式中的元素 a_n,叫作级数的通项。

如果把级数部分的和,也就是表达式中的前 n 项和记作 S_n 的话,即:

$$S_n=a_1+a_2+\cdots+a_n$$

则级数的表达式等同于:

$$a_1+a_2+\cdots+a_n+\cdots=\lim_{n\to\infty}S_n \tag{9-1}$$

精通极限的我们,自然关心式(9-1)中的极限是否存在。于是,定义来了:

如果:$\lim\limits_{n\to\infty}S_n=A$ (A 为实数),我们说级数 $\sum a_n$ 收敛(Converge)于 A 或者简单说级数 $\sum a_n$ 是收敛的。

反之,如果 $\lim\limits_{n\to\infty}S_n$ 不存在,则级数 $\sum a_n$ 发散(Diverge)。

更进一步,如果级数 $\sum a_n$ 的通项的绝对值组成的级数 $\sum|a_n|$ 收敛的话,我们就说级数 $\sum a_n$ 是绝对收敛的。显然,级数 $\sum a_n$ 绝对收敛的条件是极限 $\lim\limits_{n\to\infty}S'_n$ 存在。其中:

$$S'_n=|a_1|+|a_2|+\cdots+|a_n|$$

收敛和绝对收敛的关系:收敛是绝对收敛的必要条件。换句话说,绝对收敛级数一定收敛。

上面这句话虽然有点拗口,但是一点都不难理解。如果一个级数收敛但是不绝对收敛，那么我们称这个级数条件收敛。

根据极限的运算法则，我们很容易得到如下的关于收敛级数的算术运算法则。

如果级数 $\sum a_n$，$\sum b_n$ 收敛，则级数 $\sum ca_n$，$\sum(a_n \pm b_n)$ 也收敛，并且：

1) $$\sum ca_n = c\sum a_n \quad (c\text{ 为常数}) \tag{9-2}$$

2) $$\sum(a_n \pm b_n) = \sum a_n \pm \sum b_n \tag{9-3}$$

由式(9-3)我们还可以得到一个副产品：如果级数 $\sum a_n$ 收敛，则必然有：

$$\lim_{n\to\infty} a_n = 0 \tag{9-4}$$

证明很简单，因为 $a_n = S_n - S_{n-1}$，所以根据式(9-3)，可以得到：

$$\lim_{n\to\infty} a_n = \lim_{n\to\infty}(S_n - S_{n-1}) = \lim_{n\to\infty} S_n - \lim_{n\to\infty} S_{n-1} = 0$$

需要注意的是，式(9-4)只是级数收敛的必要条件，远远不是充分条件。

举几个例子，来巩固一下这几个概念。

例 9-1) 请判定级数 $S = 1 + \frac{1}{2} + \left(\frac{1}{2}\right)^2 + \cdots + \left(\frac{1}{2}\right)^n + \cdots$ 是否收敛。

解：根据等比数列前 n 项和的公式，我们有：

$$S_n = \frac{1-\left(\frac{1}{2}\right)^{n+1}}{1-\frac{1}{2}} = 2 - \left(\frac{1}{2}\right)^n$$

显然，$\lim\limits_{n\to\infty} S_n = 2$。所以，级数 S 收敛。

例 9-2) 判别级数 $S = \sum\limits_{n=1}^{\infty} \frac{1}{n(n+1)} = \frac{1}{1\times 2} + \frac{1}{2\times 3} + \cdots + \frac{1}{n\times(n+1)} + \cdots$ 的收敛性。

解：在"治理"有理函数积分的过程中，我们知道形如 $\frac{1}{x(x+1)}$ 的函数，可以写成：

$$\frac{1}{x(x+1)} = \frac{1}{x} - \frac{1}{x+1}$$

因此，级数 S 可以变形为：

$$S=\sum_{n=1}^{\infty}\frac{1}{n(n+1)}=\sum_{n=1}^{\infty}\left(\frac{1}{n}-\frac{1}{n+1}\right)$$

$$=\left(1-\frac{1}{2}\right)+\left(\frac{1}{2}-\frac{1}{3}\right)+\left(\frac{1}{3}-\frac{1}{4}\right)\cdots\left(\frac{1}{n}-\frac{1}{n+1}\right)+\cdots$$

$$=\lim_{n\to\infty}\left(1-\frac{1}{n}\right)$$

$$=1$$

因此，该级数是收敛的。

这个级数有一个鲜明的特点，那就是像一个伸缩装置似的：看着拉开以后挺长，一旦缩回去，中间的环节都看不到了。因此，英文中把这一类级数就叫作 Telescoping Series，直译过来，就是伸缩级数，也有叫伸缩和的。

例 9-3） 请判定级数 $S=1+2+\cdots+n+\cdots$ 是否收敛。

解：这道题目更简单，由于

$$S_n=\frac{n(n+1)}{2}\Rightarrow\lim_{n\to\infty}S_n=\infty$$

所以，级数 S 是发散的。

例 9-4） 请判定级数 $S=1+\left(-\frac{1}{2}\right)+\left(-\frac{1}{2}\right)^2\cdots+\left(-\frac{1}{2}\right)^n+\cdots$，是否收敛以及是否绝对收敛。

解：不难得到：

$$S_n=\frac{1-\left(-\frac{1}{2}\right)^{n+1}}{1-\left(-\frac{1}{2}\right)}=\frac{2}{3}\left[1-\left(-\frac{1}{2}\right)^{n+1}\right]$$

求极限后，我们有 $\lim\limits_{n\to\infty}S_n=\frac{2}{3}$，因此级数 S 收敛，又因为：

$$|1|+\left|\left(-\frac{1}{2}\right)\right|+\left|\left(-\frac{1}{2}\right)^2\right|+\cdots+\left|\left(-\frac{1}{2}\right)^n\right|+\cdots$$

$$=1+\left(\frac{1}{2}\right)+\left(\frac{1}{2}\right)^2+\cdots+\left(\frac{1}{2}\right)^n+\cdots$$

$$=\lim_{n\to\infty}\left[2-\left(\frac{1}{2}\right)^n\right]=2$$

因而级数 S 是绝对收敛级数。

以上分别列举了收敛级数、发散级数以及绝对收敛级数。再配送一个条件收敛级数就齐了。

敬请留意，级数 $\sum \frac{(-1)^{n+1}}{n}$ 是一个典型的条件收敛级数，原因后述。也就是说：

$$\begin{cases} 1-\frac{1}{2}+\frac{1}{3}+\cdots+\frac{(-1)^{n+1}}{n}+\cdots \text{收敛} \\ 1+\frac{1}{2}+\frac{1}{3}+\cdots+\frac{1}{n}+\cdots \text{发散} \end{cases}$$

我们可能会想：要是所有的级数都像这几个例题一样，能够写出前 n 项和 S_n 的公式，我们只需要研究 S_n 的极限存不存在，就解决了级数的收敛性的判别问题。这该多好啊！

但残酷的现实是，几乎我们碰到的所有级数的 S_n 都是写不出公式的。要想判断这些级数收敛与否，一个行之有效的办法是，先熟悉几个容易判断收敛性的典型级数。再碰到其他的级数，就先拿它们与这些典型对标比较即可。

9.2 典型级数

9.2.1 几何级数

所谓几何级数，就是我们认识的等比数列(几何数列 Geometric Sequence)为通项的级数 $\sum aq^n (a \neq 0)$。这个级数的部分和 S_n 是有公式的：

$$\begin{cases} S_n = \frac{a(1-q^{n+1})}{1-q} & (q \neq 1) \\ S_n = na & (q = 1) \end{cases}$$

注意到：

$$\lim_{n\to\infty} q^{n+1} = \begin{cases} 0, \ |q| < 1 \\ \text{DNE}, \ |q| > 1 (\text{DNE: Does Not Exist，代表不存在}) \\ \text{DNE}, q = -1 \end{cases}$$

以及 $\lim_{n\to\infty}(na)$ 不存在。

我们得到：

$$\begin{cases} a+aq+aq^2+\cdots+aq^n+\cdots=\lim\limits_{n\to\infty}S_n=\dfrac{a}{1-q} & |q|<1 \\ a+aq+aq^2+\cdots+aq^n+\cdots=\lim\limits_{n\to\infty}S_n\text{DNE} & |q|\geqslant 1 \end{cases} \tag{9-5}$$

至此，几何级数问题圆满收官。我们不但能判断一个几何级数收敛与否，还能够在收敛的情形下，求出级数的值。

例 9-5) 判断级数 $S=\dfrac{1}{3}+\dfrac{2}{9}+\dfrac{1}{27}+\dfrac{2}{81}+\dfrac{1}{243}+\dfrac{2}{729}+\cdots$ 是否收敛，如果收敛求 S。

解：能看出来这个级数的特点吗？看出来了！恭喜！

没看出来的，跟我一起来做点小功课：

$$S=\frac{1}{3}+\frac{2}{9}+\frac{1}{27}+\frac{2}{81}+\frac{1}{243}+\frac{2}{729}+\cdots$$

$$=\left(\frac{1}{3}+\frac{2}{9}\right)+\left(\frac{1}{27}+\frac{2}{81}\right)+\left(\frac{1}{243}+\frac{2}{729}\right)+\cdots$$

$$=\left(\frac{1}{3}+\frac{2}{9}\right)+\left(\frac{1}{3}+\frac{2}{9}\right)\left(\frac{1}{9}\right)+\left(\frac{1}{3}+\frac{2}{9}\right)\left(\frac{1}{9}\right)^2+\cdots+\left(\frac{1}{3}+\frac{2}{9}\right)\left(\frac{1}{9}\right)^n+\cdots$$

走到这儿，可以直接用式(9-5)了：

$$S=\left(\frac{1}{3}+\frac{2}{9}\right)\div\left(1-\frac{1}{9}\right)=\frac{5}{8}$$

9.2.2 p 级数

形如 $\sum\dfrac{1}{n^p}$ 的级数，称为 p 级数。

这种级数考频较高，因此搞清楚它的收敛性，很有必要。

$p=1$ 时的 p 级数 $\sum\dfrac{1}{n}$，又叫调和(Harmonic)级数，是一个著名的发散级数。其发散性证明如下：

我们分别考察这个级数的一系列部分和：$S_2,S_4,S_8,S_{16},S_{32},\cdots,S_{2^n}$。

$$S_2=1+\frac{1}{2}$$

$$S_4=1+\frac{1}{2}+\left(\frac{1}{3}+\frac{1}{4}\right)>1+\frac{1}{2}+2\times\frac{1}{4}=1+\frac{2}{2}$$

$$S_8=1+\frac{1}{2}+\left(\frac{1}{3}+\frac{1}{4}\right)+\left(\frac{1}{5}+\frac{1}{6}+\frac{1}{7}+\frac{1}{8}\right)>1+\frac{1}{2}+2\times\frac{1}{4}+4\times\frac{1}{8}$$

$$=1+\frac{3}{2}$$

$$S_{16}=S_8+\left(\frac{1}{9}+\frac{1}{10}+\cdots+\frac{1}{16}\right)>1+\frac{3}{2}+8\times\frac{1}{16}=1+\frac{4}{2}$$

$$S_{32}=S_{16}+\left(\frac{1}{17}+\frac{1}{18}+\cdots+\frac{1}{32}\right)>1+\frac{4}{2}+16\times\frac{1}{32}=1+\frac{5}{2}$$

尽管前 32 项的和也就比 3.5 大一点，但是这个势头不得了！同样道理，一定可以得到：

$$S_{2^n}>1+\frac{n}{2}$$

至此，算是对调和级数的发散性看得一清二楚了！

$p=1$ 时的情况算是整明白了，但这才哪儿到哪儿啊，离彻底解决 p 级数的收敛问题，还早着呢。实际上，我们对调和级数发散性的证明，只是想诠释一种特殊的数学手段。真正要搞定 p 级数，得用另一个工具。

积分判别定理

假设函数 $f(x)$ 在区间 $x\geqslant1$ 上连续递减，令 $a_n=f(n)$，则级数 $\sum a_n$ 收敛的充要条件是瑕积分 $\int_1^{\infty}f(x)\mathrm{d}x$ 收敛。

本定理的证明需要用到“单调有界，必有极限”的原理。即，如果级数 $\sum a_n$ 的前 n 项和 S_n 单调递增且有上限，则 $\lim\limits_{n\to\infty}S_n$ 必然存在；若 S_n 单调递减且有下限，则极限 $\lim\limits_{n\to\infty}S_n$ 同样存在。

“单调有界，必有极限”原理的证明虽然不难，但是纯数学味道太浓。作为引论的学习者，我们只负责用，暂时不用证明。

接下来，我们来证明积分判别定理。

由于函数 $f(x)$ 递减，所以：$a_{n+1}\leqslant a_n(n=1,2,\cdots)$，因而对区间 $[n,n+1]$ 上的任何一点 x，都有 $a_{n+1}\leqslant f(x)\leqslant a_n(n\leqslant x\leqslant n+1)$。对着这式子的三边都求积分得到：

$$\int_n^{n+1}a_{n+1}\mathrm{d}x\leqslant\int_n^{n+1}f(x)\mathrm{d}x\leqslant\int_n^{n+1}a_n\mathrm{d}x$$

$$\Rightarrow a_{n+1}\leqslant\int_n^{n+1}f(x)\mathrm{d}x\leqslant a_n$$

再进一步：

$$a_2 \leqslant \int_1^2 f(x)\,\mathrm{d}x \leqslant a_1$$

$$a_3 \leqslant \int_2^3 f(x)\,\mathrm{d}x \leqslant a_2$$

$$\vdots$$

$$a_{n+1} \leqslant \int_n^{n+1} f(x)\,\mathrm{d}x \leqslant a_n$$

把这 n 个式子加起来，就有：

$$\begin{aligned}&a_2+a_3+\cdots+a_{n+1}\\ &\leqslant \int_1^2 f(x)\,\mathrm{d}x+\int_2^3 f(x)\,\mathrm{d}x+\cdots+\int_n^{n+1} f(x)\,\mathrm{d}x\\ &\leqslant a_1+a_2+\cdots+a_n\end{aligned}$$

即：

$$S_{n+1}-a_1 \leqslant \int_1^{n+1} f(x)\,\mathrm{d}x \leqslant S_n$$

$$\Rightarrow \lim_{n\to\infty} S_{n+1}-a_1 \leqslant \lim_{n\to\infty}\int_1^{n+1} f(x)\,\mathrm{d}x \leqslant \lim_{n\to\infty} S_n \tag{9-6}$$

注意到：

$$\begin{cases}\lim\limits_{n\to\infty} S_{n+1}=\lim\limits_{n\to\infty} S_n\\ \lim\limits_{n\to\infty}\int_1^{n+1} f(x)\,\mathrm{d}x=\int_1^{\infty} f(x)\,\mathrm{d}x\end{cases}$$

因此，从式(9-6)得知：如果 $\sum a_n$ 收敛，由于 $\int_1^{n+1} f(x)\,\mathrm{d}x$ 单调有界，所以瑕积分 $\int_1^{\infty} f(x)\,\mathrm{d}x$ 收敛。

同理：如果瑕积分 $\int_1^{\infty} f(x)\,\mathrm{d}x$ 收敛，仍是从式(9-6)得知，S_n 单调有界，于是 $\sum a_n$ 收敛，得到证明。

至此，积分判别定理证明完毕。

由于函数 $f(x)=\dfrac{1}{x^p}$ 满足积分判别定理成立的一切条件，因此我们的任务就变成了考察瑕积分 $\int_1^{\infty} \dfrac{1}{x^p}\mathrm{d}x$ 。由于：

$$\int_1^{\infty}\frac{1}{x^p}dx=\begin{cases}\lim\limits_{x\to\infty}\left(\frac{1}{-p+1}x^{-p+1}-\frac{1}{1-p}\right)=\infty & (p<1)\\ \lim\limits_{x\to\infty}(\ln x)=\infty & (p=1)\\ \lim\limits_{x\to\infty}\left(\frac{1}{-p+1}x^{-p+1}-\frac{1}{1-p}\right)=\frac{1}{1-p} & (p>1)\end{cases}$$

所以，我们断言：

$$\begin{cases}p>1\text{ 时，级数}\sum\frac{1}{n^p}\text{ 收敛；}\\ p\leqslant 1\text{ 时，级数}\sum\frac{1}{n^p}\text{ 发散。}\end{cases}$$

为搞定 p 级数，我们用了积分判别定理。但是有一点需要明白，那就是积分判别定理不仅能解决 p 级数的问题，还能解决其他问题。

例 9-6） 请判别级数 $\sum\limits_{n=2}^{\infty}\frac{1}{n\ln n}$ 的收敛性。

解：为再次使用积分判别定理，我们得找出合适的被积函数，显然级数 $\sum\limits_{n=2}^{\infty}\frac{1}{n\ln n}$ 和级数 $\sum\limits_{m=1}^{\infty}\frac{1}{(m+1)\ln(m+1)}$ 是等价的。而后一个级数完全满足积分判别定理的适用条件，又因为：

$$\int_1^{\infty}\frac{1}{(x+1)\ln(x+1)}dx=\lim_{x\to\infty}\{\ln[\ln(x+1)]-\ln(\ln 2)\}=\infty$$

所以，级数 $\sum\limits_{n=2}^{\infty}\frac{1}{n\ln n}$ 是发散的。

利用积分法来解决级数的收敛性有两个基本条件，一个是区间 $x\geqslant 1$ 上连续，另一个是递减。

从本题目的解题过程可以看出，可以直接从级数 $\sum\limits_{n=2}^{\infty}\frac{1}{n\ln n}$ 对应的函数 $\frac{1}{x\ln x}$ 的瑕积分 $\int_2^{\infty}\frac{1}{x\ln x}dx$ 的收敛与否，判别级数的收敛性，而不必一定要满足区间 $x\geqslant 1$ 的条件。

同样，只要函数最终是递减的就可以，不必一定要在整个区间 $x\geqslant 1$ 上递减。例如这样的级数 $\sum\limits_{n=7}^{\infty}\frac{1}{(n-6)^3}$，可以直接考察瑕积分 $\int_7^{\infty}\frac{1}{(x-6)^3}dx$ 而得出收敛的结论。

9.2.3 交错级数

我们研究的级数，大多数情况下是研究通项非负的级数，即：$a_n \geqslant 0$ 的级数。在极少数的情况下，我们也能处理一些特殊的通项有正有负的级数。

我们把下面的级数定义为交错级数：

$$S=a_1-a_2+a_3-a_4+\cdots+(-1)^{n+1}a_n+\cdots \quad (a_n>0, n=1,2,\cdots)$$

它的特点就是，通项符号一正一负地交错。对于交错级数，太难的我们处理不了，这里只讲一种中规中矩的收敛函数。

交错级数判别定理

如果交错级数：

$S=a_1-a_2+a_3-a_4+\cdots+(-1)^{n+1}a_n+\cdots(a_n>0, n=1,2,\cdots)$ 满足：

1) $a_{n+1} \leqslant a_n (n=1,2,\cdots)$；

2) $\lim\limits_{n \to \infty} a_n=0$；

则级数 S 收敛。

这款定理的证明，仍然需要“单调有界，必有极限”的真理。我们来试试。

首先，观察一下 S 的偶数部分和：

$$\begin{aligned}
&S_2=a_1-a_2\\
&S_4=S_2+(a_3-a_4) \geqslant S_2\\
&S_6=S_4+(a_5-a_6) \geqslant S_4\\
&\quad\vdots\\
&\therefore S_{2n} \geqslant S_{2n-2} \geqslant \cdots \geqslant S_4 \geqslant S_2
\end{aligned}$$

由此可见，S 的偶数部分和是单调递增的，下一个任务是证明它有个上界。不难！

$$S_{2n}=a_1-(a_2-a_3)-(a_4-a_5)-\cdots-(a_{2n-2}-a_{2n-1})-a_{2n} \leqslant a_1$$

所以当 $n \to \infty$ 时，S_{2n} 有极限。不妨假设这个极限等于 A，即

$$\lim_{n \to \infty} S_{2n}=A \tag{9-7}$$

由题意可知，$a_{2n+1} \to 0$，因而我们有：

$$\lim_{n \to \infty} S_{2n+1}=\lim_{n \to \infty}(S_{2n}+a_{2n+1})=\lim_{n \to \infty} S_{2n}+\lim_{n \to \infty} a_{2n+1}=A+0=A \tag{9-8}$$

综合式(9-7)和式(9-8)，可知，级数 S 收敛于 A。

有了交错级数判别定理这个工具，我们首先就想到了这个最典型的收敛级数：$\sum \frac{(-1)^{n+1}}{n}$，同时又由于 $\sum \left|\frac{(-1)^{n+1}}{n}\right| = \sum \frac{1}{n}$ 是发散的调和级数，所以我们说：级数 $\sum \frac{(-1)^{n+1}}{n}$ 是一个条件收敛级数。

此外，满足这个判定定理条件的交错级数，不仅收敛，而且它的部分和与精确值的误差，也可以估算。原理如下：

从偶数角度看，我们知道：

$$S = S_{2n} + (a_{2n+1} - a_{2n+2}) + (a_{2n+3} - a_{2n+4}) + \cdots \geqslant S_{2n}$$

而从奇数角度看，我们又有：

$$S = S_{2n+1} - (a_{2n+2} - a_{2n+3}) - (a_{2n+4} - a_{2n+5}) - \cdots \leqslant S_{2n+1}$$

这实际上是告诉我们，S 总是介于任何两个相邻的部分和 S_n 和S_{n+1} 之间。因此：

$$|S - S_n| \leqslant |S_{n+1} - S_n| = a_{n+1} \tag{9-9}$$

例 9-7)

问题 1：判别级数 $S = \frac{1}{\sqrt{1}} - \frac{1}{\sqrt{2}} + \cdots \frac{(-1)^{n+1}}{\sqrt{n}} \cdots$ 是否收敛？

问题 2：如果收敛，估算一下 S_7 的误差。

问题 3：如果要使 S_n 的误差小于千分之一，n 值最小要等于几？

解：

问题 1：显然，由于 S 交错且 $\frac{1}{\sqrt{n}}$ 递减并且趋于 0，所以级数 S 收敛。

问题 2：根据式(9-9)，我们有：

$$|S - S_7| \leqslant \frac{1}{\sqrt{8}} = 0.354$$

问题 3：仍然用式(9-9)，我们希望 $|S - S_n| \leqslant a_{n+1} \leqslant 0.001$，即：

$$\frac{1}{\sqrt{n+1}} \leqslant \frac{1}{1\,000} \Rightarrow \sqrt{n+1} \geqslant 1\,000 \Rightarrow n_{\min} = 999\,999$$

到目前为止，咱们的工具箱里有了收拾几何级数、p 级数、交错级数的工具之后，以后碰到不熟悉的级数，首先可以和这些好收拾的级数对比一下。

怎么个比法？且听下文！

9.3 级数攀比术

我们对很多事物本质的认识源于比较。在数学中，我认为："没有对比，就少了一些捷径。"

级数的攀比，无非是级数之间的比较以及级数内部的比较。

级数之间的比较，我们只关注非负级数。

最直接的比较方法，就是直接比大小。

既然是非负级数，那级数的部分和就一定是递增的。可以想见，如果一个非负级数收敛，那它的部分和一定是有界的。如果另一个级数的每一项都不大于一个已知的收敛级数的相应项，那么这个级数的部分和也一定有界，所以这个级数也一定收敛。

也就是说，如果 $0 \leqslant b_n \leqslant a_n$，而 $\sum a_n$ 收敛，那么 $\sum b_n$ 必然收敛。反之，如果两个级数满足 $b_n \geqslant a_n \geqslant 0$，而 $\sum a_n$ 发散，那么 $\sum b_n$ 一定发散。

一句话概括：小于收敛的，必收敛；大于发散的，必发散。

例 9-8) 判别 $\sum \dfrac{1}{1+n^3}$ 的收敛性。

解：因为 $\dfrac{1}{1+n^3} < \dfrac{1}{n^3}$，而 $\sum \dfrac{1}{n^3}$ 是一个标准的收敛的 p 级数，所以该级数收敛。

例 9-9) 判别级数 $\sum \dfrac{1}{\sqrt{4n-3}}$ 的收敛性。

解：由于 $\sum \dfrac{1}{\sqrt{4n-3}} > \dfrac{1}{\sqrt{4n}} = \dfrac{1}{2} \cdot \dfrac{1}{\sqrt{n}}$，而 $\sum \dfrac{1}{\sqrt{n}}$ 是一个发散级数，所以该级数发散。

例 9-10) 判别级数 $\sum \dfrac{1}{n^n} = 1 + \dfrac{1}{2^2} + \dfrac{1}{3^3} \cdots + \dfrac{1}{n^n}$ 的收敛性。

解：因为 $\dfrac{1}{n^n} \leqslant \dfrac{1}{n^2} (n \geqslant 2)$，而 $\sum \dfrac{1}{n^2}$ 是一个收敛的几何级数，所以该级数收敛。

除了比大小之外，另外一种广泛应用的比较方法是看比值的极限。如果 $\dfrac{a_n}{b_n} \to c$，而 c 是一个非零常数。那么，级数 $\sum a_n$ 和 $\sum b_n$ 必然同收敛或同发散。

这个结论非常容易证明，因为 $\sum a_n$ 和 $\sum b_n$ 在 n 比较大时相近，所以级数

$\sum a_n$ 和 $\sum b_n$ 必然同时有界或无界，换句话说：它俩同收敛、共发散！

例 9-11） 判别级数 $\sum \dfrac{n-2}{n^3+2n^2-1}$ 的收敛性。

解：熟悉极限必杀技的我们自然知道：

$$\lim_{n\to\infty}\left(\frac{n-2}{n^3+2n^2-1}:\frac{1}{n^2}\right)=\lim_{n\to\infty}\frac{n^3}{n^3}=1$$

$$\lim_{n\to\infty}\left(\frac{n-2}{n^3+2n^2-1}:\frac{1}{n^2}\right)=\lim_{n\to\infty}\frac{n^2(n-2)}{n^3+2n^2-1}$$

对这个$\dfrac{\infty}{\infty}$型的极限问题，我们只留下分子、分母的“带头大哥”，极限值不变。所以：

由于 $\sum \dfrac{1}{n^2}$ 是标准的收敛级数，所以要判别的级数收敛。

这个例题不难，来个猛一点的。

例 9-12） 判别级数 $\sum \left(\dfrac{2n+1}{5n+3}\right)^n$ 的收敛性。

解：乍一看，这个级数还真有点面生。仔细一看，长得有点像 $\sum \left(\dfrac{2}{5}\right)^n$ 这种类型，比较一下试试？

第一种比法，直接比通项：

$\because \dfrac{2}{5}-\dfrac{2n+1}{5n+3}=\dfrac{1}{5(5n+3)}>0$

$\therefore \left(\dfrac{2n+1}{5n+3}\right)^n<\left(\dfrac{2}{5}\right)^n$

由于这个级数的通项，小于另一个收敛级数的通项，所以它是收敛的。

第二种比法，看看通项比的极限：

$$\begin{aligned}\lim_{n\to\infty}\left[\left(\frac{2n+1}{5n+3}\right)^n:\left(\frac{2}{5}\right)^n\right]&=\lim_{n\to\infty}\left[\frac{5(2n+1)}{2(5n+3)}\right]^n\\&=\lim_{n\to\infty}\left(\frac{10n+5}{10n+6}\right)^n\\&=\lim_{n\to\infty}\left(1-\frac{1}{10n+6}\right)^n\\&=\lim_{n\to\infty}\left[\left(1-\frac{1}{10n+6}\right)^{-(10n+6)}\right]^{-\frac{n}{10n+6}}\\&=e^{-\frac{1}{10}}\end{aligned}$$

两个级数通项之比的极限是一个常数，所以这两个级数收敛性一致，即原级数收敛。

有的教科书，把通项开 n 次方的极限容易算出的级数，单列出来一个所谓根式判别法，就是根据 $\lim\limits_{n\to\infty}\sqrt[n]{a_n}$ 的值是否小于 1 来判别级数的收敛与否。

另外的一种比较发生在同一个级数内的通项之间的比，即：$\dfrac{a_{n+1}}{a_n}$。我们知道，如果这个比值是一个定值 r，这个级数就是我们熟悉的几何级数。

有这么一类级数 $\sum a_n$，它本身虽然不是几何级数，但是比较接近几何级数。换言之，虽然 $\dfrac{a_{n+1}}{a_n}$ 不是一个定值，但是它的极限值是一个定值 r。按照我们最朴素的数学直觉，它也应该和 $\dfrac{a_{n+1}}{a_n}$ 比值为定值 r 的几何级数收敛性相当。

基于上述思想，我们就有了比值判别法。

对于级数 $\sum a_n$ 而言，收敛性可由 $\dfrac{a_{n+1}}{a_n}$ 的极限值的大小而定，具体如下：

$$\lim_{n\to\infty}\left|\frac{a_{n+1}}{a_n}\right|=r\Rightarrow\begin{cases}r<1,\sum a_n \text{ 绝对收敛}\\ r>1,\sum a_n \text{ 发散}\\ r=1,\text{无结论。}\end{cases}$$

从这个判别法的叙述就知道，它不是万能的。至少对 $r=1$ 的情形无能为力。但就是这个并不万能的比值法，值得特别关注。

当然，在应用这个判别法的时候，离不开求 $\dfrac{\infty}{\infty}$ 型的极限。这也就为熟悉极限必杀技的同学们，找到了用武之地。

例 9-13) 判别级数 $\sum(-1)^n\dfrac{n^4}{4^n}$ 的收敛性。

解：直接用比值判别法，先求极限：

$$\lim_{n\to\infty}\left|\frac{a_{n+1}}{a_n}\right|=\lim_{n\to\infty}\left|-\frac{(n+1)^4}{4^{n+1}}\cdot\frac{4^n}{n^4}\right|=\lim_{n\to\infty}\left[\frac{1}{4}\left(\frac{n+1}{n}\right)^4\right]=\frac{1}{4}<1$$

所以该级数绝对收敛。

例 9-14) 判别级数 $\sum\dfrac{n!}{n^n}$ 的收敛性。

解：仍然用比值法，先求极限：

$$\lim_{n\to\infty}\left|\frac{a_{n+1}}{a_n}\right|=\lim_{n\to\infty}\left[\frac{(n+1)!}{(n+1)^{n+1}}\cdot\frac{n^n}{n!}\right]=\lim_{n\to\infty}\left[\frac{n^n}{(n+1)^n}\right]$$

$$=\lim_{n\to\infty}\frac{1}{\left(1+\frac{1}{n}\right)^n}=\frac{1}{\mathrm{e}}<1$$

因而级数 $\sum\frac{n!}{n^n}$ 绝对收敛。

例 9-15） 判别级数 $\sum\frac{(2n)!}{(n!)^2}$ 的收敛性。

解：我们仍然痴心不改地要用比值法，先看极限：

$$\lim_{n\to\infty}\left|\frac{a_{n+1}}{a_n}\right|=\lim_{n\to\infty}\left\{\frac{[2(n+1)]!}{[(n+1)!]^2}\cdot\frac{(n!)^2}{(2n)!}\right\}$$

$$=\lim_{n\to\infty}\left\{\frac{(2n+2)!}{(2n)!}\cdot\left[\frac{n!}{(n+1)!}\right]^2\right\}$$

$$=\lim_{n\to\infty}\left[\frac{(2n+2)(2n+1)}{1}\cdot\left(\frac{1}{n+1}\right)^2\right]$$

$$=4>1$$

所以，要我们判断的级数是一个彻头彻尾的发散级数。

好了，是时候把我们学到的处理级数收敛性的招数复习总结一下，以便临战时战而胜之。

一般来说，判断级数 $\sum a_n$ 的收敛性，标准动作如下：

1）看通项的极限是否为 0。如果 $a_n\to 0$ 这个必要条件都不满足，还谈什么收敛？

2）看是否是标准的几何级数、p 级数、（通项值递减的）交错级数或者伸缩级数。如果是，直接拿下；如果不是，再想下一招。

3）看一看瑕积分的方法能否派上用场，如果可以，让瑕积分干活；若瑕积分无能为力，再想其他方法。

4）看看与那些我们熟悉的标准级数有没有相似性、可比性。如果有，皆大欢喜；如果没有，那就得放大招，用比值法来收拾残局了。

5）有的时候，判定一个级数的收敛性，不止一种方法可用。

6）如果以上招数都不奏效，那就只能说“不是我们无能，而是出题者太不厚道”了。

9.4 幂级数及泰勒级数

所谓幂级数,实际上就是幂级数函数。特点是,它的部分和是多项式函数。幂级数的形式为:

$$\sum_{n=0}^{\infty} c_n x^n = c_0 + c_1 x + c_2 x^2 + \cdots + c_n x^n + \cdots \tag{9-10}$$

按照我们刚刚掌握的最新知识,式(9-10)中这个幂级数,对一定范围的 x 值,是收敛的。这个使得幂级数收敛的 x 的范围,自然就是这个函数的定义域。

所以,对幂级数而言,它的定义域和级数的收敛区域是一回事儿。

同样是幂级数,写成如下的形式,有时候会更有代表性一点。

$$\sum_{n=0}^{\infty} c_n (x-a)^n = c_0 + c_1(x-a) + c_2(x-a)^2 + \cdots + c_n(x-a)^n + \cdots \tag{9-11}$$

习惯上,我们把式(9-11)中的幂级数,称为 $x-a$ 处的幂级数或者以 a 为中心的幂级数。

例 9-16) 求幂级数 $\sum\limits_{n=0}^{\infty} n!\ x^n$ 的定义域。

解:我们对这个级数使用比值法:

$$\lim_{n\to\infty}\left|\frac{a_{n+1}}{a_n}\right| = \lim_{n\to\infty}\left[\frac{(n+1)!}{n!}\mid x\mid\right] = \lim_{n\to\infty}[(n+1)\mid x\mid] = \begin{cases} 0, x=0 \\ \infty, x\neq 0 \end{cases}$$

由上式可知,只是在 $x=0$ 的时候,这个幂级数才收敛,因此它的定义域就是 $x=0$。

例 9-17) 求幂级数 $\sum\limits_{n=0}^{\infty} \dfrac{x^n}{n!}$ 的定义域。

解:仍然用比值法,我们知道对任意一个确定的 x 值而言:

$$\lim_{n\to\infty}\left|\frac{a_{n+1}}{a_n}\right| = \lim_{n\to\infty}\left|\frac{x^{n+1}}{(n+1)!} : \frac{x^n}{n!}\right| = \lim_{n\to\infty}\frac{\mid x\mid}{n+1} = 0 < 1$$

所以这个级数的定义域或者收敛区域为整个实数轴。

例 9-18) 求幂级数 $\sum\limits_{n=1}^{\infty} \dfrac{(x-5)^n}{n}$ 的收敛区域。

解:还是比值法!先求极限:

$$\lim_{n\to\infty}\left|\frac{a_{n+1}}{a_n}\right|=\lim_{n\to\infty}\left|\frac{(x-5)^{n+1}}{n+1}:\frac{(x-5)^n}{n}\right|=|x-5|$$

由此可见，$|x-5|<1$ 时，本题的幂级数绝对收敛；$|x-5|>1$ 时，该级数发散；$|x-5|=1$ 时，还得再看。

而又因为 $|x-5|<1\Rightarrow 4<x<6$，所以 $4<x<6$ 为该级数的绝对收敛区域。

另外，我们知道 $|x-5|=1$ 对应于 $x=4$ 或 $x=6$，我们来分别观察这两种情形。$x=4$ 时，原来的级数就变为：$\sum\frac{(-1)^n}{n}$，这是一个标准的、收敛的交错级数。而 $x=6$ 时，原级数就蜕变为调和级数 $\sum\frac{1}{n}$，我们当然知道它是发散的。

综上所述，该级数的收敛区域为：$[4,6)$。

以上的三个例题，诠释了幂级数收敛的三种标准情形。即，式(9-11)中的级数收敛只有如下三种情形：

(1) 只在 $x=a$ 时收敛。

(2) 收敛区间为整个实数轴。

(3) 存在一个实数 R，使得 $|x-a|<R$ 时，级数收敛；$|x-a|>R$ 时，级数发散。

实际上，上述的第一、二种情况也可以分别看作是 $R=0$ 和 $R=\infty$ 时的情形。这个常数 R 就称为幂级数的收敛半径。

由于级数在 $|x-a|=R$ 时，收敛情况待定，因此式(9-11)中的幂级数的收敛区间必然是下列区间的一种：

$(a-R,a+R)$、$(a-R,a+R]$、$[a-R,a+R)$、$[a-R,a+R]$

我们先认识了微积分又认识了级数，现在应该让级数遇上微积分了。由于式(9-11)中的级数求导之后和求积分之后，其通项比值的极限不变，所以其收敛半径也不变。即：

定理：

如果级数 $\sum c_n(x-a)^n$ 收敛，且收敛半径 $R>0$，那么该级数函数既可微分亦可积分，并且微分级数函数

$$\left[\sum c_n(x-a)^n\right]'=c_1+2c_2(x-a)+\cdots+nc_n(x-a)^{n-1}+\cdots$$

和积分后的级数函数

$$\int\sum c_n(x-a)^n\mathrm{d}x=C+c_0(x-a)+c_1\frac{(x-a)^2}{2}\cdots+c_n\frac{(x-a)^{n+1}}{n+1}+\cdots$$

都收敛，且收敛半径同为 R。

有了这个定理，我们可以做点有趣的工作了。几何级数如下：

$$\frac{1}{1-x}=1+x+x^2+\cdots+x^n+\cdots \tag{9-12}$$

这个幂级数的收敛区间为$(-1,1)$，现在可以放心地对这个等式两边求积分：

$$\int\frac{1}{1-x}\mathrm{d}x=\int(1+x+x^2+\cdots+x^n+\cdots)\mathrm{d}x$$

$$\Rightarrow -\ln(1-x)=C+x+\frac{x^2}{2}+\cdots+\frac{x^n}{n}+\cdots(-1<x<1)$$

$$\ln(1-x)=-C-x-\frac{x^2}{2}-\cdots-\frac{x^n}{n}-\cdots\quad(-1<x<1) \tag{9-13}$$

将 $x=0$ 代入上列式子，即可得到：$C=0$。所以我们有：

$$\ln(1-x)=-x-\frac{x^2}{2}-\cdots-\frac{x^n}{n}-\cdots\quad(-1<x<1) \tag{9-14}$$

在式(9-14)中，令 $x=-t$，又得到：

$$\ln(1+t)=t-\frac{t^2}{2}+\cdots+\frac{(-t)^n}{n}+\cdots\quad(-1<t<1) \tag{9-15}$$

式(9-14)和式(9-15)在对数函数做近似计算时，经常用到。

由这两个公式的推导过程，人们自然会有一个猜想，有没有可能其他一些函数，也能表达成幂级数呢？甚至更大胆一些设想，有没有可能所有的函数都可以表达成幂级数的形式呢？

沿着这个猜想往前走，假设的确有一个函数 $f(x)$ 可以表达成式(9-11)那样的幂级数，即：

$$f(x)=\sum_{n=0}^{\infty}c_n(x-a)^n=c_0+c_1(x-a)+\cdots c_n(x-a)^n+\cdots \tag{9-16}$$

下一步干什么呢？我们目前就学了点导数和积分的本事，那就拿来试试呗。我们自然是假设函数 $f(x)$ 可导，不仅假设它可导，而且是假设它的各阶导数都存在。这样一来，我们依次对式(9-16)两边求导看看有什么结果：

$$f'(x)=c_1+2c_2(x-a)\cdots nc_n(x-a)^{n-1}+\cdots$$

$$f''(x)=2c_2+3\times 2c_3(x-a)\cdots n(n-1)c_n(x-a)^{n-2}+\cdots$$

$$\vdots$$

$$f^{(n)}(x)=n\times(n-1)\times\cdots\times 2\times 1c_n+(n+1)n\cdots 3\times 2(x-a)+\cdots$$

在式(9-16)以及一系列导数的公式中，令 $x=a$，我们就走到了：

$$f(a)=c_0, f'(a)=c_1, f''(a)=2c_2,\cdots,f^{(n)}(a)=n!\ c_n,\cdots$$

即：$c_0=f(a), c_1=\dfrac{f'(a)}{1}, c_2=\dfrac{f''(a)}{2},\cdots,c_n=\dfrac{f^{(n)}(a)}{n!},\cdots$

如此一来，式(9-16)就可以改写为：

$$f(x)=f(a)+\frac{f'(a)}{1}(x-a)+\frac{f''(a)}{2}(x-a)^2+\cdots$$

$$+\frac{f^{(n)}(a)}{n!}(x-a)^n+\cdots=\sum_{n=0}^{\infty}\frac{f^{(n)}(a)}{n!}(x-a)^n \tag{9-17}$$

需要说明的是，为书写方便，我们约定 $f^{(0)}(x)=f(x)$ 。

这就是大名鼎鼎的泰勒级数展开式，是以英国数学家 Brook Taylor 的名字命名的。我们把式(9-17)叫作函数 $f(x)$ 在点 a 的泰勒级数或展开式，也可以叫作函数 $f(x)$ 以 a 为中心的泰勒级数或者展开式。

正如拉格朗日中值定理的特殊形式是罗尔中值定理一样，泰勒展开式的一个特例是以另一个数学家名字命名的级数，当式(9-17)中的 $a=0$ 时，这个式子就变成了：

$$f(x)=f(0)+\frac{f'(0)}{1!}x+\frac{f''(0)}{2!}x^2+\cdots+\frac{f^{(n)}(0)}{n!}x^n+\cdots=\sum_{n=0}^{\infty}\frac{f^{(n)}(0)}{n!}x^n \tag{9-18}$$

式(9-18)就是以数学家 Maclaurin 的名字命名的麦克劳林级数。

由于式(9-17)是在假设式(9-11)那样的级数收敛的基础上推导出来的。所以作为严格的数学，特别需要对式(9-17)右边的级数加以说明的是：

(1) 该级数不一定收敛。

(2) 即使它收敛，也不一定就收敛于 $f(x)$ 。

(3) 该级数收敛于 $f(x)$ 的充要条件是：

$$\lim_{n\to\infty}R_n=\sum_{i=n+1}^{\infty}\frac{f^{(i)}(a)}{i!}(x-a)^i=0 \quad (a-R<x<a+R)$$

其中，R 为收敛半径。而 R_n 是级数去除前 n 项后的余级数。

这个小插曲似乎又把问题搞复杂了。其实，你也大可不必为这个小插曲烦恼。你只需要知道有这么回事就行了。你在考试中碰到的级数，在收敛半径内，式(9-17)和式(9-18)都是成立的。

英国数学家——泰勒

看完了帅哥数学家，我们趁着刚学好公式的热乎劲，来几道题目练练手。

例 9-19） 请写出正弦函数 $f(x)=\sin x$ 在点 a 的泰勒级数和麦克劳林级数展开式。

解：首先观察一下正弦函数的各阶导数的规律：

$$f^{(0)}(x)=\sin x, f^{(1)}(x)=\cos x, f^{(2)}(x)=-\sin x, f^{(3)}(x)=-\cos x,$$
$$f^{(4)}(x)=\sin x, \cdots, f^{(4n)}(x)=\sin x, f^{(4n+1)}(x)=\cos x,$$
$$f^{(4n+2)}(x)=-\sin x, f^{(4n+3)}(x)=-\cos x, \cdots$$

所以根据式(9-17)，我们有：

$$\begin{aligned}T(x)&=\sum_{n=0}^{\infty}\frac{f^{(n)}(a)}{n!}(x-a)^n\\&=\frac{\sin a}{0!}(x-a)^0+\frac{\cos a}{1!}(x-a)-\frac{\sin a}{2!}(x-a)^2-\frac{\cos a}{3!}(x-a)^3+\cdots\\&\quad+\frac{\sin a}{(4n)!}(x-a)^{4n}+\frac{\cos a}{(4n+1)!}(x-a)^{4n+1}\end{aligned}$$

$$-\frac{\sin a}{(4n+2)!}(x-a)^{4n+2}-\frac{\cos a}{(4n+3)!}(x-a)^{4n+3}+\cdots$$

这就是正弦函数的泰勒级数展开式。在此式中，令 $a=0$，就得到麦克劳林展开式：

$$\begin{aligned}M(x)&=\sum_{n=0}^{\infty}\frac{f^{(n)}(0)}{n!}x^n\\&=x-\frac{x^3}{3!}+\frac{x^5}{5!}-\frac{x^7}{7!}+\cdots+(-1)^n\frac{x^{2n+1}}{(2n+1)!}+\cdots\\&=\sum_{n=0}^{\infty}(-1)^n\frac{x^{2n+1}}{(2n+1)!}\end{aligned}\qquad(9\text{-}19)$$

按照比值法，不难算出对任意的 x 值，都有：

$$\lim_{n\to\infty}\left|\frac{a_{n+1}}{a_n}\right|=\lim_{n\to\infty}\left|\frac{x^{2n+3}}{(2n+3)!}:\frac{x^{2n+1}}{(2n+1)!}\right|=\lim_{n\to\infty}\left|\frac{x^2}{(2n+3)(2n+2)}\right|=0<1$$

所以式(9-19)右边的级数在整个实数域收敛。

我们发现，最常见的三角函数也可以表现为幂级数了。这还没完，对式(9-19)两边求导之后，又可以得到余弦函数的级数表达式了：

$$\begin{aligned}\cos x&=1-\frac{x^2}{2!}+\frac{x^4}{4!}+\cdots+(-1)^n\frac{x^{2n}}{(2n)!}+\cdots\\&=\sum_{n=0}^{\infty}(-1)^n\frac{x^{2n}}{(2n)!}\quad(x\text{ 为实数})\end{aligned}\qquad(9\text{-}20)$$

有点成就感了吧？趁热打铁，再来一个常见函数的麦克劳林展开式。

例 9-20) 求函数 $f(x)=e^x$ 的麦克劳林级数展开式。

解：由于函数 $f(x)$ 的各阶导数不变，就是函数本身。所以：

$$f^{(n)}(0)=e^0=1$$

代入到式(9-18)，立刻得到：

$$e^x=1+x+\frac{x^2}{2!}+\cdots+\frac{x^n}{n!}+\cdots=\sum_{n=0}^{\infty}\frac{x^n}{n!}\qquad(9\text{-}21)$$

够了，三个就够了。我请你记住 $\sin x$，$\cos x$，e^x 这三个函数的级数展开式，今后不管它们是穿什么外套，一定要认出来。随身携带这三个公式，加上几何级数展开式(9-12)，基本上可以应付幂级数的考试了。

当然，最根本的公式还是式(9-17)，几乎有关幂级数的任何问题，都可以由这个公式导出。到时候我们的任务只需要先把公式写出来，然后按部就班地求出各阶导数直接代入即可。

在实际应用中，我们经常用泰勒级数（或者麦克劳林级数）的部分和 S_n 来估算级数的总和。S_n 又叫 n 阶展开式。切记，我们所说的 n 阶展开式，指的是 x 的幂次到达 n，不是指的前 n 项。

把无穷项的和用有限项来估算，一定会有误差。确保把误差控制在一定范围一直是数学家们追求的方向。对于泰勒级数的部分和产生的误差，搞出中值定理的拉格朗日先生，给出了一个估算上限。

拉格朗日不等式

假设式(9-17)中的函数 $f(x)$，在收敛区域内任意一点的 $n+1$ 阶导数满足：

$|f^{(n+1)}(x)|\leqslant M$，那么其 n 阶泰勒级数展开式的误差一定满足：

$$|R_n(x)|=|f(x)-T_n(x)|\leqslant\frac{M}{(n+1)!}|x-a|^{n+1} \tag{9-22}$$

这个不等式就是拉格朗日不等式，由于它是基于泰勒级数得来的，所以仍然有人把它叫作泰勒不等式。

当然，到了特例麦克劳林级数这里，式(9-22)就变成了：

$$|R_n(x)|=|f(x)-M_n(x)|\leqslant\frac{M}{(n+1)!}|x|^{n+1} \tag{9-23}$$

例 9-21) 用 6 阶麦克劳林级数来估算 e，并给出误差上限。

解：函数 e^x 已经算是老熟人了，其麦克劳林级数展开式为：

$$e^x=1+x+\frac{x^2}{2!}+\cdots+\frac{x^n}{n!}+\cdots$$

把 $x=1$，代入这个式子取到 6 阶得到：

$$e\approx 1+1+\frac{1}{2}+\frac{1}{6}+\frac{1}{24}+\frac{1}{120}+\frac{1}{720}=2.718\ 06$$

接下来，估算误差。我们希望看一下 e^x 的 7 阶导数的上限，既然是估算 e^1，我们就取区间 $[0,1]$ 考察即可。在这个区间内，我们总有 $f^{(7)}(x)=e^x\leqslant e$，所以，由式(9-23)得：

$$|R_6(1)|\leqslant\frac{e}{(6+1)!}\cdot 1^7=\frac{e}{5\ 040}$$

再来两个稍微复杂点的题目练练手。

例 9-22） 已知函数 $f(x)$ 的麦克劳林展开式是 $\frac{x}{5}+\frac{x^2}{6}+\frac{x^3}{7}+\cdots+\frac{x^n}{n+4}+\cdots$

(1) 求函数 $f(x)$ 的收敛区域；

(2) 假设在区间 $[0,0.1]$ 上，$|f'''(x)|\leqslant 6$，如果用函数 $f(x)$ 的 2 阶麦克劳林展开式来估算 $f(0.1)$，请证明其误差不大于千分之一。

解：(1) 直接用比值法得到：

$$\lim_{n\to\infty}\left|\frac{a_{n+1}}{a_n}\right|=\lim_{n\to\infty}\left|\frac{x^{n+1}}{n+5}:\frac{x^n}{x+4}\right|=|x|$$

因此该级数的收敛半径为 1。

考虑端点的情形知道：将 -1 代入原级数，你会看到一个标准的收敛的交错级数。而如果把 1 代入到原来的级数内，则是一个标准的发散的调和级数。所以，函数 $f(x)$ 的收敛区域为 $[-1,1)$。

(2) 直接由式(9-23)得到：

$$|R_2(0.1)|\leqslant\frac{6}{(2+1)!}0.1^3=\frac{1}{1\,000}$$

例 9-23）

x	$f(x)$	$f'(x)$	$f''(x)$	$f'''(x)$	$f^{(4)}(x)$
0	3	4	-1	-3	21

假设函数 $f(x)$ 有各阶导数，其一些点的函数和导数值如上表所示。

(1) 写出函数 $f(x)$ 在 $x=0$ 处的 2 阶麦克劳林级数展开式并用它来估算 $f(0.1)$；

(2) 定义函数 $g(x)=f(x^3)$，请写出函数 $g'(x)$ 在 $x=0$ 处的 5 阶麦克劳林级数展开式。

解：(1) 这一问直接写出即可：

$$M_2(x)=f(0)+f'(0)x+\frac{1}{2}f''(0)x^2=3+4x-\frac{1}{2}x^2$$

代入即得：$f(0.1)\approx M_2(0.1)=3.395$

(2) 注意到：$f(x)=M_2(x)+R_2(x)$，立刻得到：

$g(x)=f(x^3)=M_2(x^3)+R_2(x^3)$

$$=3+4x^3-\frac{1}{2}(x^3)^2+R_2(x^3)$$

$$=3+4x^3-\frac{1}{2}x^6+R_2(x^3)$$

$$\Rightarrow g'(x)=12x^2-3x^5+R'_2(x^3)$$

因此，我们要求的 5 阶麦克劳林级数展开式就是：

$$M_5(g'(x))=12x^2-3x^5$$

当然，复合函数导数学得好的同学也可以这么玩：

首先，$g(x)=f(x^3)\Rightarrow g'(x)=3x^2f'(x^3)$

又因为 $f'(x)=M'_2(x)+R'_2(x)=4-x+\cdots$

$f'(x^3)=4-x^3+\cdots$，综合以上成果立刻得到

$$g'(x)=3x^2(4-x^3+\cdots)=12x^2-3x^5+\cdots$$

因此，我们要求的 5 阶麦克劳林级数展开式就是：

$$M_5(g'(x))=12x^2-3x^5$$

例 9-24） 如下图所示，函数 $f(x)$ 在整个实数域有各阶导数。其部分图形以及 $x=0$ 处的切线和各阶导数在图表中给出。

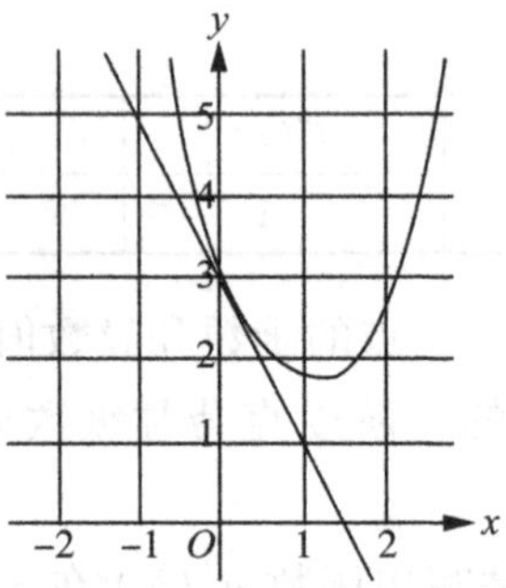

n	$f^{(n)}(0)$
2	3
3	$-\frac{23}{2}$
4	54

(1) 求函数 $f(x)$ 在 $x=0$ 处的 3 阶麦克劳林级数展开式；

(2) 写出 e^x 的麦克劳林级数展开式的前三个非零项。写出 $e^xf(x)$ 的 2 阶麦克劳林级数展开式；

(3) 定义函数 $h(x)=\int_0^x f(t)\mathrm{d}t$，利用第一问的成果估算 $h(1)$；

(4) 假设 $h(x)$ 在整个实数域收敛，假设 $h(1)$ 是通项趋于零的交错级数，利用交错级数的误差定理证明第 3 问的估算值的误差不大于 0.45。

解：(1) 按部就班地将已知条件代入式(9-18)即得：

$$M_3(f(x))=f(0)+f'(0)x+\frac{1}{2}f''(0)x^2+\frac{1}{6}f'''(0)x^3$$

$$=3+\left(\frac{-3}{1.5}\right)x+\frac{1}{2}\cdot 3x^2+\frac{1}{6}\times\left(-\frac{23}{2}\right)x^3$$

$$=3-2x+\frac{3}{2}x^2-\frac{23}{12}x^3$$

(2) 第一个任务要切记，前三个非零项可不是 3 阶展开式，是 2 阶！即：

$$M_2(e^x)=1+x+\frac{1}{2}x^2$$

第二个任务有两种求法，一是直接利用已有成果，用到 2 阶即可：

$$\because M_2(f(x))M_2(e^x)=\left(3-2x+\frac{3}{2}x^2\right)\left(1+x+\frac{x^2}{2}\right)$$

$$=3+x+x^2+\cdots$$

$$M_2(e^x f(x))=3+x+x^2$$

当然，另一种求法是直接求 $e^x f(x)$ 的导数，由于

$e^0 f(0)=3$

$[e^x f(x)]'=e^x[f(x)+f'(x)]$

$\Rightarrow[e^0 f(0)]'=1\cdot(3-2)=1$

$[e^x f(x)]''=e^x[f(x)+2f'(x)+f''(x)]$

$\Rightarrow[e^0 f(0)]''=1\cdot(3-4+3)=2$

所以，$M_2(e^x f(x))=3+x+x^2$

(3) 直接代入即可：

$$h(1)\approx\int_0^1\left(3-2t+\frac{3}{2}t^2-\frac{23}{12}t^3\right)dt=3-1+\frac{1}{2}-\frac{23}{48}=\frac{97}{48}$$

(4) 上一问的 $h(1)$，实际上是我们在一个收敛的交错级数里取的前四项的和，依题意，它的下一项，应该是函数 $f(x)$ 的麦克劳林展开式的第五项的积分即：

$$h(1)_5=\int_0^1\frac{f^{(4)}(0)}{4!}t^4dt=\int_0^1\frac{54}{24}t^4dt=\frac{54}{24}\cdot\frac{1}{5}=\frac{9}{20}=0.45$$

所以，依据交错级数误差公式，我们知道，第三问中的 $h(1)$ 的误差值，不大于下一项的绝对值即 0.45。

9.5 最美数学公式

走过路过不要错过。我们已经基本具备条件来欣赏最美的数学公式了，当然不能错过！

欣赏之前，先来一点点复变函数的预备知识。介绍一个新朋友，请看这么一个公式：

$$i^2=-1 \tag{9-24}$$

这里的 i 是一个虚数单位，是一个想象中的特殊的东西，取英文单词 Imaginary 的首字母 i，表示的就是这层意思。关于这个家伙，现在你不需要特别花心思。只需要假设有这么个平方是 −1 的东西存在就行。

好，我们再把式(9-21)写一遍：

$$e^x=1+x+\frac{x^2}{2!}\cdots+\frac{x^n}{n!}+\cdots=\sum_{n=0}^{\infty}\frac{x^n}{n!} \tag{9-21}$$

在这个式子里，我们令

$$x=i\theta$$

于是，把 $x=i\theta$ 和 $i^2=-1$ 都代入到式(9-21)，就得到：

$$e^{i\theta}=1+i\theta-\frac{\theta^2}{2!}-i\frac{\theta^3}{3!}+\frac{\theta^4}{4!}+i\frac{\theta^5}{5!}-\cdots$$

把这个式子简单收拾一下，把奇数次项和偶数次项分开，就发现了这么个东西：

$$e^{i\theta}=\left(1-\frac{\theta^2}{2!}+\frac{\theta^4}{4!}-\cdots\right)+i\left(\theta-\frac{\theta^3}{3!}+\frac{\theta^5}{5!}-\cdots\right)$$

开始有意思了！对照一下式(9-19)和式(9-20)，立刻发现上面这个式子，完全等同于：

$$e^{i\theta}=\cos\theta+i\sin\theta \tag{9-25}$$

因为是数学家欧拉第一个导出了式(9-25)，所以这个公式称为欧拉公式。

在欧拉公式中，令 $\theta=\pi$，立刻得到：

$$e^{i\pi}=\cos\pi+i\sin\pi=-1+0i$$

上面的结果等同于：

$$e^{i\pi}+1=0 \tag{9-26}$$

各位同学，这是什么啊？这就是最美数学公式！

它把人类自诞生起就打交道的圆周率、自然对数的底、凭空想象的虚数单位、一元初始的数字 1 和清澈超脱的数字 0，以最简约的方式联系在一个公式里。简直是美到了不能再美的地步。

推出这个公式的欧拉先生真是天才！

我们从复习中学数学开始，走到了最完美的数学公式。这一波和微积分的玩耍就要告一个段落了。

但是，相信你的精彩人生才刚刚开始。

珍重!!!

练习九

9-1）判定下列级数的收敛性，如收敛，求其值：

(1) $\frac{1}{3}+\frac{2}{9}+\frac{1}{27}+\frac{2}{81}+\frac{1}{243}+\frac{2}{729}+\cdots$；

(2) $\sum\limits_{n=1}^{\infty}\frac{n-8}{4n+1}$；

(3) $\sum\limits_{n=1}^{\infty}\frac{3^{n+1}}{4^n}$；

(4) $\sum\limits_{n=1}^{\infty}\frac{e^n}{n^2}$；

(5) $\sum\limits_{n=1}^{\infty}\ln\left(\frac{n^3+1}{3n^3+4}\right)$；

(6) $\sum\limits_{n=1}^{\infty}(\cos3)^n$。

9-2）把下列循环小数表达为分数：

(1) $0.\overline{7}=0.777\ 777\cdots$；

(2) $0.\overline{484\ 7}=0484\ 748\ 474\ 847\cdots$。

9-3）用积分判别法判定下列级数的收敛性：

(1) $\sum\limits_{n=1}^{\infty}\frac{1}{(3n+2)^2}$；

(2) $\sum\limits_{n=1}^{\infty}n^2e^{-n^3}$；

(3) $\sum\limits_{n=1}^{\infty}\frac{n}{n^2+1}$；

(4) $\sum\limits_{n=2}^{\infty}\frac{1}{n(\ln n)^p}$。

9-4）判别下列级数收敛与否：

(1) $\frac{1}{\sqrt{2}}-\frac{1}{\sqrt{3}}+\frac{1}{\sqrt{4}}-\frac{1}{\sqrt{5}}+\cdots$；

(2) $\sum\limits_{n=1}^{\infty}(-1)^n\frac{n}{n^2+1}$；

(3) $\sum_{n=1}^{\infty}(-1)^{n+1}\tan^{-1}n$； (4) $\sum_{n=1}^{\infty}(-1)^{n}\sin\frac{\pi}{n}$。

9-5) 求下列级数的和，要求误差小于 0.000 1：

(1) $\sum_{n=1}^{\infty}\frac{(-1)^{n}}{(2n)!}$； (2) $\sum_{n=1}^{\infty}\frac{(-1)^{n}}{n^{5}}$； (3) $\sum_{n=1}^{\infty}\frac{(-1)^{n}}{2^{n}\cdot n!}$。

9-6) 判定下列级数是条件收敛、绝对收敛，还是发散：

(1) $\sum_{n=1}^{\infty}\frac{n}{3^{n}}$； (2) $\sum_{n=1}^{\infty}\frac{(-1)^{n}}{3n+1}$； (3) $\sum_{n=1}^{\infty}\frac{n!}{88^{n}}$；

(4) $\sum_{n=1}^{\infty}\frac{(-2)^{n}}{(3n+1)!}$； (5) $\sum_{n=1}^{\infty}\left(1+\frac{1}{n}\right)^{n^{2}}$； (6) $\sum_{n=1}^{\infty}\frac{n!}{n^{n}}$；

(7) $\sum_{n=1}^{\infty}\frac{\sin 3n}{3^{n}}$； (8) $\sum_{n=1}^{\infty}\frac{n^{8}}{(-8)^{n}}$。

9-7) 求下列级数的收敛半径和收敛区间：

(1) $\sum_{n=1}^{\infty}(-1)^{n}nx^{n}$； (2) $\sum_{n=1}^{\infty}\frac{(-x)^{n}}{n^{2}}$； (3) $\sum_{n=1}^{\infty}\frac{x^{n}}{2n+1}$；

(4) $\sum_{n=1}^{\infty}\frac{(5x)^{n}}{n^{4}}$； (5) $\sum_{n=1}^{\infty}\frac{(x+3)^{n}}{n^{2}}$； (6) $\sum_{n=1}^{\infty}n!\,(3x-2)^{n}$；

(7) $\sum_{n=1}^{\infty}\frac{(x-1)^{n}}{n^{n}}$； (8) $\sum_{n=2}^{\infty}\frac{x^{2n}}{n(\ln n)^{2}}$。

9-8) 求下列级数的麦克劳林展开式以及收敛区间：

(1) $f(x)=\frac{x^{2}}{1+x}$； (2) $f(x)=\arctan(x^{2})$；

(3) $f(x)=\ln(2-x)$； (4) $f(x)=xe^{3x}$；

(5) $f(x)=\sin x^{2}$； (6) $f(x)=\frac{1}{\sqrt[3]{9-x}}$。

结束语

Conclusion

驾舟经过九曲十八弯，我们总算是把微积分的基本招式都玩了一遍。

简单回顾一下：

我们带着初等数学里学到的有关代数、几何、解析几何以及三角函数的一些三脚猫的本事，怯生生地推开了微积分的大门。

面对着一大堆闻所未闻的曲线，我们虽一时间无从下手，好在，我们有解决直线的本领。管它见没见过，把曲线分段研究，按照对付直线的办法各个击破，是我们的起手式。

把弯曲的线按照直线对待，即使分段也似乎太“粗糙”了吧？如果分段一次不够，那就再分一次！再分一次！再分一次！再复杂的事物往根上刨，也是由简单的东西堆积出来的。

幸运的是，我们有极限这个经过一代又一代数学家千锤百炼后出炉的工具。把无限的逼近和有限的数值完美地结合了！

有了极限的加持，我们顺势了解了连续、导数、反导数、定积分、不定积分以及微分方程的最基本的玩法。最后，还是靠着极限的帮助，我们又玩起了级数。

奇妙的是，我们要了一大圈之后，最后又把所有的函数问题，都归结到了我们中学就见过的最简单的多项式的问题。只不过这一次，多项式的次数上不封顶！

微积分的玩法说穿了就是把极限进行到底。这也就是俗称的“一招鲜，吃遍天”。当然，也可以雅一点：大道至简。

玩转微积分，参悟大世界！

让我们共勉！